海上絲綢之路基本文獻叢書

河漕備考（下）

〔清〕朱鋐 撰

文物出版社

圖書在版編目（CIP）數據

河漕備考．下 /（清）朱鋐撰．-- 北京 ：文物出版社，2022.7
（海上絲綢之路基本文獻叢書）
ISBN 978-7-5010-7588-1

Ⅰ．①河… Ⅱ．①朱… Ⅲ．①河道整治－水利史－史料－中國 Ⅳ．① TV882-092

中國版本圖書館 CIP 數據核字（2022）第 089202 號

海上絲綢之路基本文獻叢書

河漕備考（下）

撰　　者：〔清〕朱鋐

策　　劃：盛世博閱（北京）文化有限責任公司

封面設計：鞏榮彪

責任編輯：劉永海

責任印製：蘇　林

出版發行：文物出版社

社　　址：北京市東城區東直門内北小街 2 號樓

郵　　編：100007

網　　址：http://www.wenwu.com

經　　銷：新華書店

印　　刷：北京旺都印務有限公司

開　　本：787mm×1092mm　1/16

印　　張：15.25

版　　次：2022 年 7 月第 1 版

印　　次：2022 年 7 月第 1 次印刷

書　　號：ISBN 978-7-5010-7588-1

定　　價：98.00 圓

總緒

海上絲綢之路，一般意義上是指從秦漢至鴉片戰争前中國與世界進行政治、經濟、文化交流的海上通道，主要分爲經由黄海、東海的海路最終抵達日本列島及朝鮮半島的東海航綫和以徐聞、合浦、廣州、泉州爲起點通往東南亞及印度洋地區的南海航綫。

在中國古代文獻中，最早、最詳細記載『海上絲綢之路』航綫的是東漢班固的《漢書·地理志》，詳細記載了西漢黄門譯長率領應募者入海『齎黄金雜繒而往』之事，書中所出現的地理記載與東南亞地區相關，并與實際的地理狀况基本相符。

東漢後，中國進入魏晉南北朝長達三百多年的分裂割據時期，絲路上的交往也走向低谷。這一時期的絲路交往，以法顯的西行最爲著名。法顯作爲從陸路西行到印度，再由海路回國的第一人，根據親身經歷所寫的《佛國記》（又稱《法顯傳》）一書，詳細介紹了古代中亞和印度、巴基斯坦、斯里蘭卡等地的歷史及風土人情，是瞭解和研究海陸絲綢之路的珍貴歷史資料。

隨着隋唐的統一，中國經濟重心的南移，中國與西方交通以海路爲主，海上絲綢之路進入大發展時期。廣州成爲唐朝最大的海外貿易中心，朝廷設立市舶司，專門管理海外貿易。唐代著名的地理學家賈耽（七三〇～八〇五年）的《皇華四達記》記載了從廣州通往阿拉伯地區的海上交通『廣州通夷道』，詳述了從廣州港出發，經越南、馬來半島、蘇門答臘半島至印度、錫蘭，直至波斯灣沿岸各國的航綫及沿途地區的方位、名稱、島礁、山川、民俗等。譯經大師義净西行求法，將沿途見聞寫成著作《大唐西域求法高僧傳》，詳細記載了海上絲綢之路的發展變化，是我們瞭解絲綢之路不可多得的第一手資料。

宋代的造船技術和航海技術顯著提高，指南針廣泛應用於航海，中國商船的遠航能力大大提升。北宋徐兢的《宣和奉使高麗圖經》詳細記述了船舶製造、海洋地理和往來航綫，是研究宋代海外交通史、中朝友好關係史、中朝經濟文化交流史的重要文獻。南宋趙汝適《諸蕃志》記載，南海有五十三個國家和地區與南宋通商貿易，形成了通往日本、高麗、東南亞、印度、波斯、阿拉伯等地的『海上絲綢之路』。宋代爲了加强商貿往來，於北宋神宗元豐三年（一〇八〇年）頒佈了中國歷史上第一部海洋貿易管理條例《廣州市舶條法》，并稱爲宋代貿易管理的制度範本。

元朝在經濟上採用重商主義政策，鼓勵海外貿易，中國與歐洲的聯繫與交往非常頻繁，其中馬可·波羅、伊本·白圖泰等歐洲旅行家來到中國，留下了大量的旅行記，記録元代海上絲綢之路的盛况。元代的汪大淵兩次出海，撰寫出《島夷志略》一書，記録了二百多個國名和地名，其中不少首次見於中國著録，涉及的地理範圍東至菲律賓群島，西至非洲。這些都反映了元朝時中西經濟文化交流的豐富内容。

明、清政府先後多次實施海禁政策，海上絲綢之路的貿易逐漸衰落。但是從明永樂三年至明宣德八年的二十八年裏，鄭和率船隊七下西洋，先後到達的國家多達三十多個，在進行經貿交流的同時，也極大地促進了中外文化的交流，這些都詳見於《西洋蕃國志》《星槎勝覽》《瀛涯勝覽》等典籍中。

關於海上絲綢之路的文獻記述，除上述官員、學者、求法或傳教高僧以及旅行者的著作外，自《漢書》之後，歷代正史大都列有《地理志》《四夷傳》《西域傳》《外國傳》《蠻夷傳》《屬國傳》等篇章，加上唐宋以來衆多的典制類文獻、地方史志文獻，集中反映了歷代王朝對於周邊部族、政權以及西方世界的認識，都是關於海上絲綢之路的原始史料性文獻。

海上絲綢之路概念的形成，經歷了一個演變的過程。十九世紀七十年代德國地理學家費迪南·馮·李希霍芬（Ferdinad Von Richthofen，一八三三～一九〇五），在其《中國：親身旅行和研究成果》第三卷中首次把輸出中國絲綢的東西陸路稱爲『絲綢之路』。有『歐洲漢學泰斗』之稱的法國漢學家沙畹（Édouard Chavannes，一八六五～一九一八），在其一九〇三年著作的《西突厥史料》中提出『絲路有海陸兩道』，蘊涵了海上絲綢之路最初提法。迄今發現最早正式提出『海上絲綢之路』一詞的是日本考古學家三杉隆敏，他在一九六七年出版《中國瓷器之旅：探索海上的絲綢之路》中首次使用『海上絲綢之路』一詞；一九七九年三杉隆敏又出版了《海上絲綢之路》一書，其立意和出發點局限在東西方之間的陶瓷貿易與交流史。

二十世紀八十年代以來，在海外交通史研究中，『海上絲綢之路』一詞逐漸成爲中外學術界廣泛接受的概念。根據姚楠等人研究，饒宗頤先生是華人中最早提出『海上絲綢之路』的人，他的《海道之絲路與昆侖舶》正式提出『海上絲路』的稱謂。選堂先生評價海上絲綢之路是外交、貿易和文化交流作用的通道。此後，大陸學者馮蔚然在一九七八年編寫的《航運史話》中，使用『海上絲綢之路』一詞，這是迄今學界查到的中國大陸最早使用『海上絲綢之路』的人，更多地限於航海活動領域的考察。一九八〇年北京大學陳炎教授提出『海上絲綢之路』研究，并於一九八一年發表《略論海上絲綢之路》一文。他對海上絲綢之路的理解超越以往，且帶有濃厚的愛國主義思想。陳炎教授之後，從事研究海上絲綢之路的學者越來越多，尤其沿海港口城市向聯合國申請海上絲綢之路非物質文化遺産活動，將海上絲綢之路研究推向新高潮。另外，國家把建設『絲綢之路經濟帶』和『二十一世紀海上絲綢之路』作爲對外發展方針，將這一學術課題提升爲國家願景的高度，使海上絲綢之路形成超越學術進入政經層面的熱潮。

與海上絲綢之路學的萬千氣象相對應，海上絲綢之路文獻的整理工作仍顯滯後，遠遠跟不上突飛猛進的研究進展。二〇一八年厦門大學、中山大學等單位聯合發起『海上絲綢之路文獻集成』專案，尚在醖釀當中。我們不揣淺陋，深入調查，廣泛搜集，將有關海上絲綢之路的原始史料文獻和研究文獻，分爲風俗物産、雜史筆記、海防海事、典章檔案等六個類别，彙編成《海上絲綢之路歷史文化叢書》，於二〇二〇年影印出版。此輯面市以來，深受各大圖書館及相關研究者好評。爲讓更多的讀者親近古籍文獻，我們遴選出前編中的菁華，彙編成《海上絲綢之路基本文獻叢書》，以單行本影印出版，以饗讀者，以期爲讀者展現出一幅幅中外經濟文化交流的精美畫卷，爲海上絲綢之路的研究提供歷史借鑒，爲『二十一世紀海上絲綢之路』倡議構想的實踐做好歷史的詮釋和注脚，從而達到『以史爲鑒』『古爲今用』的目的。

凡例

一、本編注重史料的珍稀性，從《海上絲綢之路歷史文化叢書》中遴選出菁華，擬出版百册單行本。

二、本編所選之文獻，其編纂的年代下限至一九四九年。

三、本編排序無嚴格定式，所選之文獻篇幅以二百餘頁爲宜，以便讀者閱讀使用。

四、本編所選文獻，每種前皆注明版本、著者。

五、本編文獻皆爲影印，原始文本掃描之後經過修復處理，仍存原式，少數文獻由於原始底本欠佳，略有模糊之處，不影響閱讀使用。

六、本編原始底本非一時一地之出版物，原書裝幀、開本多有不同，本書彙編之後，統一爲十六開右翻本。

目録

河漕備考（下）

河漕備考（下）

卷三至卷四歷代黄河指掌圖説一卷

〔清〕朱鋐 撰

清抄本

歷代治河考

時世變遷河身迥別地形高下治法懸殊考古所以知今達變

乃爲善守爲作歷代治河考

唐

禹導河積石　積石山非河源所出河源去此尚有四千三百餘里禹導河乃自此始耳

至于龍門　黄河自南行兩岸皆束于山淮南子云龍門未闢呂梁未鑿河出孟門之上孟門即龍門之上口魏土地記云梁山北有龍門山大禹所鑿廣八十步岩際鐫跡遺功尚存

塞之文

同為逆河入於海　禹時洪水泛濫播之為九則勢有所分而上流速洩然河分則流緩海潮沖入河不能敵海口必淤合之為一則力有所專而下流亦不壅矣

註逆河以海水逆潮而得名蓋天下之水以海為歸而海潮逆上則歸者不得速歸而泛濫之患作矣況河流挾沙海潮亦挾沙河勢不敵則海潮倒灌而河口必淤矣故同為逆河正所以殺海也

按史記河渠書禹厮二渠以引其河孟康註云渠一出貝州

為河正流一則為漯水此後世開分水河之始也

孟子云禹之行水也行其所無事也註因其自然之勢而導之未嘗以私智穿鑿而有所事愚謂行所無事其間大有事在河者是勢之自然何者非勢之自然審之既明或疏下流以通其淤或分上流以殺其勢然後水得其潤下之性而不為害若順其自然而不以為事此田蚡之阻治瓠子新莽之不塞決河耳焉得為大智哉

禹曰予決九川距四海濬畎澮距川註先決九州之水使各通于海次濬畎澮之水使各通于川即此盡力溝洫之謂也

蘇老泉曰制策云九夫為井、間有溝四井為邑四邑為邱四邱為甸、方八里旁加一里為一成、間有洫其地百井而方十里四甸為縣四縣為都四都八十里旁加十里為一同、間有澮其地萬井而方百里百里之間為澮者一為洫者一為溝者萬又云十夫有溝百夫有洫千夫有澮萬夫有川此三代井田之制今北方之地此制已廢弛殆盡惟南方多涇港有似古時溝洫蓋緣北方溝洫有渾河以入之南方皆清水故久而不改也

朱子曰禹之治水也只理會得河患積石龍門所謂作十有

三載乃同者正在此處何未經鑿治時龍門正道不甚通故一派西滚入関陝一派東滚注河東故此河患最甚禹自積石至龍門着工夫最多愚按所云禹治水只理會得河患此言良是但言禹着工夫處在龍門積石恐未必然夫十三載乃同者係兖州事何得引向雍州且禹時河患莫甚于兖州其着工夫當亦莫多于兖州孟子叙禹之功亦云疏九河瀹濟漯皆兖州水也兖州爲河下流治水當治下流從古皆然寧禹而反不然

邵二泉云禹導河自大伾以下分播合同隨其所之而疏之

不與爭利故水得其性而無沖決之患非無沖決也彼自沖決而非吾之所得與也今河南山東郡縣碁布星列官亭民舍相比而居凡禹之所空以與水者皆爲吾有蓋吾無容水之地而非水奪吾之地宜其有沖決之患也

同

齊桓公遏八流以自廣出尚書中候按黃河合則流急、則通分則流緩、則淤不可以二渠可以九九河云者横流泛濫河之病也禹順而疏之則水有所歸而泛濫止然不使之各尋歸處而必同爲逆河者蓋同爲逆河則其力專其勢大河身日浚海口常通而河患自息矣夫幹河通枝河必漸涸九河之終為一河恐夏時已然特經傳無考耳今謂歷一千五百餘年至齊桓公時九河如故恐無此理

齊趙魏三國傍河築隄漢書賈讓奏言堤防之作近起戰國壅防百川各以自利齊與趙魏以河為境趙魏瀕山齊地卑下作堤去河二十五里河水東抵齊堤則西泛趙魏于是趙魏亦去河二十五里為隄雖非其正水有所遊盪積久復還故道訖終戰國河無大決臣謂此河隄之始亦千古治河之良法也 又云水去則填淤肥美民耕田之或久無害稍築室

宅遂成聚落及水至漂沒則更作隄防以自救于是隄防陿者去水僅數百步無餘地以處泛漲之水臣謂此良法廢弛亦千古治河之通病也

漢

武帝時齊人延年上書言河出崐崘經中國注渤海是其地勢西北高而東南下也可開大河上嶺出之胡中東注之海如此關東長無水災北邊不憂冦盜帝壯之而不行其說按黃河自歸化城東勝州之界皆東北高而西南下中隔山脊故曰上嶺水流就下乃可使之上嶺此荒唐之說不足採也

成帝時清河都尉馮逡奏言郡承河下流土壤輕脆易傷頃所以無大害者以屯氏河通兩川分流也今屯氏河塞鳴犢又益不利獨一川兼受數河之任雖增高堤防終不能洩欲復疏屯氏河及郡邑所穿直渠不果行河尋決東郡觀此則分水支流又有當開之處不可執一論也

李尋解光上言議者常欲求索九河故迹而穿之今因其自決可勿塞以觀水勢河欲居之當稍自成川跳出沙土然後順天心而圖之必有成功而用財力寡恐欲塞決如救火禦敵豈容稍緩若待成川則城郭人民必多淹沒

賈讓言治河上策徙冀州之民當水衝者決黎陽遮害亭放河使之入海潘季馴曰民可徙四百萬歲運將安適蓋漢不行運明行運也河防要覽亦曰上古土廣人稀故能避河患至五遷其國都後世人民稠密焉無可徙之理愚按漢時河決故使入海西薄大山東薄金堤今河決在北則灌張秋濟寧魚臺金鄉徐邳桃宿決在南則灌淮揚下河諸州縣亦將徙其民令漕船不行此乎此說之必不可行者也

又言治河中策謂多穿漕渠使民得以溉田分殺水勢張戎曰河水重濁號為一石水而六斗泥今諸郡民皆引河水灌田

春夏乾燥少水時也故使河流遲滞淤而稍淺雨多水暴至則溢决可順其性切復灌溉則百川流行水道自利潘季馴曰此法行于上源河清之處或可以下水少沙多一灌田中禾為沙壓尚可食乎且河水經行之處未有不病民者愚按河流渾濁非極迅溜即至停滞枝河一開正河必塞且濁流溉田、亦不利徙增一紛擾耳所以極諱新論禁民引河溉田非無見也

又謂多開水門以殺河勢潘季馴曰河流不常與水門每不相值或併水門而淤漫之且所溉之地亦一再歲而高矣使將

何如哉况旱則河水已淺難于分溉潦固可洩而西方地高水安從往

又謂治土而防其川猶止兒啼而塞其口李馴曰河以海為口障旁決而使之歸于海正所以宣其口也

漢世河決議者常欲求索九河故道而穿之愚謂當時九河本洪水所自播譬如覆水于地任其所之各擇低處流行有不知其然而然者及隔時日更以水覆于地觀其流行之處即已不同于前况經千載後他處覆水而謂流行之迹必如此而後可亦不違於理矣

韓牧言治河縱不能九但分為四五宜有益不知河之有分支乃河之病或當上流汎溢時不得已而任之或當下流大清時不得已而通之者也若無事時方藉其併力刷沙豈可更分其勢使之力愈微而流愈緩以致下流沙積而上流逆滯横決之害可計日而待矣

漢書自宣房後河復北決于館陶分為屯氏河廣深與大河等因其自然不隄塞也此河通後館陶東北四五郡雖時小被水害而兖州以南無水憂此即禹厮二渠之意亦必相時度勢而後可用也

宣帝時郭昌穿東郡直渠、通利百姓安之此後世開直河之始也

平帝時河汴決壞水門故處皆在河中明帝時遣樂浪人王景治之築堤修碣起自滎陽東至千乘海口千有餘里防遏沖要疏決壅積十里立一水門更相洄注無復潰漏之患治之三年渠成此與戰國齊趙魏作堤禦水之法相似

成帝時河決館陶東郡河堤使者王延世使塞以竹絡長四丈大九圍盛以小石兩船夾載而下之三十六日河堤成是即今之埽也

三國

魏鄭偕言水由一路往昔豈腴十分病九良由水大渠狹更不開瀉衆流壅塞曲直乘之所致也

五代

周顯德初河決楊劉宰相李穀治堤自楊穀抵張秋口以遏之水患少息然決河不復故道離而為赤河宋太祖將治之議者以舊河不可卒復力役且大遂止但詔民治遙堤以禦衝注之患其後赤河復決七州罹水災

宋

太祖時詔旁河州郡長吏並兼本州河堤使

又詔旁河州郡長吏課民樹榆柳及土地所宜之木

開寶初河決太祖下詔有習河渠之書者許附驛條奏時魯人

田吉纂禹元經十二篇名至闕下詢以治水之道用之木鼓

決河皆塞

真宗咸平三年詔緣河官吏雖秩滿須水落受代知州通判兩

月一巡堤縣令佐迭巡隄防

陳堯佐知滑州以西北水壞城無外禦築大堤又疊埽于城北

護州中居民復就鑿横木下垂木數條以護岸謂之木龍當

時穨焉

李若谷知安豐民有盜决陂堤者若谷下令自後陂决不得起夫獨調瀕河之民使之先築防遂止

熙寧時選人李公義獻鉄龍爪揚泥車法以濬河王安石又令別製濬川杷人皆知其無用安石獨善之為置濬河司

濬川杷以圓扒八尺橫于中以鉄為齒〻列三兩端有輪以舟駕之行淺水中舟過則泥去

鉄龍爪揚泥車用鉄數斤為爪形以繩繋舟尾而沉之水篙工急櫂乘泥相繼而下一再過水已深

熙寧中曹村河決程顥使善泅者啣細繩以渡決口水方奔注達者百一終能引大索以濟衆兩岸並進晝夜不息數日而合其將合也有大木自中流而下顥顧謂衆曰得巨木橫流入口則吾事濟矣木果橫流人謂至誠所致以上治河法

李垂陳分河六派之議時朝臣駁奏云派之爲六則緣流就下湍急難制恐水勢聚而爲一不能各依所導設必成六派則是更增六處河口悠久難于堤防

蘇轍言河性急則通流緩則淤澱既無東西皆急之勢安有兩河並行之理縱使益行未免各立隄防其費又倍矣

程沁謂禹因地之形逆設為九河凡河之過則不建都邑不為聚落不耕不牧以防其決故謂之逆河新論王平仲亦如此云

徐横謂河勢湍悍行之地中則可行之地上則是反水之性張水之勢而肆其暴從而為堤防堙塞之計則築垣以居水也徒迫其勢而激其怒耳安得不決莫居畧依古法分為衆道隨其所趨而利導之寬為河身縱其游衍而不壅塞則河患庶乎少矣愚按分為數道即後世開分水河之說寬為河身即戰國傍河為堤之說以上開支河

澶州河決李仲昌欲塞商胡決河挽河復横隴故道歐陽修上
言緣障決水九年無功禹得洪範五行之書知水潤下之性
乃因水之流疏而就下水患乃息然則以禹之功不能障塞
但能因勢而疏決尒今欲逆水之性障而塞之奪河之正流
使人力斡而回注此大禹之所不能也不聽卒挽之六塔河
不能容是夕復決漂沒芻藁人畜俱以億計
宋時挽河而河大決元賈魯挽河而河仍北徙盖逆水性而
強為之其不可行也明矣
宋史謂河過虎牢奔平壤勢益雄放無崇山巨硯以防閑之旁

激奔潰不遵禹迹故虎牢迤東距海口二三十里恒被其害宋爲特甚始自滑臺大伾嘗兩經泛溢復禹旧迹乃一時河臣建議必欲回之俾復故道竭天下之力以塞之屢塞屢決由不能順其就下之性以導之故也 以下挽河

歐陽修書河本泥沙無不淤之理淤常先下流下流淤高水流漸壅乃決上流之低處此勢之常也然避高就下水之本性故河流已棄之道必不可復潘季馴曰修之言未試之言也按漢元光中河決瓠子注巨野隔二十餘年武帝塞之復禹舊迹何云故道不可復乎且即以神禹言九河曰疏瀹決排

皆去其壅塞而通之初未嘗有另開一河之事即能另開能使深廣一如舊河爭且設則淤新則不淤亦無是理也開新河

元豐四年河決小吳埽注御河神宗謂輔臣曰河之為患久矣後世以事治水故常有礙夫水之就下乃其性也如能順水所向遷徙城邑以避之復有何患按此即賈讓之說當今行之恐有未便此已下皆總論

王存奏言自古惟有導河并塞河導河者順水勢自高導令就下塞河者為河隄決溢脩塞令入河身不開幹引大河令就高行流也

張商英謂治河當行所無事一用堤障猶塞兒口以止其啼也
此為宋人作堤障水東行之失而言非言隄障無益也商英
提舉河事陳五策二曰復平恩四埽四曰築御河西隄而開
東堤之積何嘗不從事隄障乎

任伯雨謂河流混濁淤沙相半流行既久迤邐淤澱久而決者
勢也為今之策止宜寬立隄防約攔水勢使不大段漫流耳

[illegible]

河決滿口尚文謂滿口河岸南高於北功不可成於今之封河
西郡縣宜順水性遠築長垣以禦泛溢歸德徐邳民避沖潰

聽從安便被水之家量予河南退灘地內給付頃畝以為永
業異時河決他所者亦如之亦一時救患良策也蒲口不塞
便元主不從塞之復決

至正十一年黃河北決賈魯謂必塞北河開南河使復故道役
不大興害不能已卒塞之踰十五年而河仍北流

歐陽元至正河防記云水工之功視土功為難中流之功視河
決為難決河口視中流為難塞十丈之口視百丈之口為尤
難北岸之功視南岸為難

明

明總河勑命云命爾前去總理河道其黃河北岸長堤并各該堤岸應修築者俱要着實用工修築高厚以為先事預防之計可知黃河兩岸隄防北邊為尤重故勑命者言之又嵩言之先事豫防正防其決入運河為漕患也

孫承澤河記載萬恭言行河有八因、河未泛而北運因河未凍而南運因風南北為運期因河順逆為運道因河安則修堤因河危則塞決因冬春則治堤因夏秋則據堤防守、有二曰官守曰民守防其四曰晝防夜防風防雨防有三策夏秋水發運艘渡河漕既愆期河無全莫是為無策運艘入閘

國計無虞黃水嗌堤隨缺隨補是為中策四月方終舟悉入閘夏秋之變河復安流是為上策

明潘季馴云治河者無一勞永逸之功惟有救偏補弊之策不可有喜新炫奇之智惟當权安常處順之休毋持求全之心苛責以最難之事毋以束濕之見強制乎不測之流毋壓已試之規遂惑于道聽之說循兩河之故道守先哲之成矩即此便是行所無事舍此他圖即孟子所謂惡其鑿矣

李化龍云黃河者運河之賊用之一里有一里之害避之一里有一里之益又云開泇後但北守太行堤南守隋堤中間蕭

碭豐沛所在各高隄防以自救仕河海衍容與于其中所省不貲已

黄河之性合則流急分則流緩急則蕩滌而疏通緩則停滯而淤塞故以人力治之則逆而難以水力治之則順而易

好事者謂故瀆之不可循輒為穿鑿之圖以亂其性是挑釁也怠事者謂河流之必不可治每為因循之說以滋其患是玩忽也

潘季馴曰水性不可拂河防不可弛地形不可强治理不可鑿人欲棄旧以圖新而愚謂故道必不可失人欲支分以殺勢

而愚謂濁流必不可分又云河性湍悍善徙者水漫而沙壅也法莫若以堤束水以水攻沙循河故道束而湍之使水疾沙刷無留行而又近為縷堤、、之外復為遙隄自不至于大决矣

又云築堤似乎阻水而不知力不專則沙不刷阻之者乃所以疏之也合流似乎益水而不知力不弘則沙不滌益之者乃所以殺之也旁溢則水散而淺反正則水束而深水行沙面則見其高水行河底則見其卑故有借水攻沙以水治水之說

全敘中云若謂水馴于分湧於合恐其合而湧也則隄扯既遥而奔騰可恣是寓分于合矣若謂胡不用遥而仍用築也則築堅而水自合水合而河自深是藏遥于築矣若謂胡不使黄淮分背而乃使淮助河勢河挽淮勢也則合流之後河即大闢盖河不決固自深得淮羽翼則益深是用淮于河矣若謂河決為大災不可以人力强塞然既塞之後河即安瀾是全天于人矣若謂胡不創開一渠而徇丶膠柱為也則二百地紀之故道夫備之懿規本無庸創而自今復之是無創於守矣若謂閘埧之復行旋稍滯然河渠既奠而行旋益通何

使如之是舍達于滯矣

潘季馴曰濁流易壅淺于決則必壅于河無兩全之道

又云治河之法惟有慎守河堤嚴防沖決舍此而別興無益之工即為勞民舍此而別為無益之費即為傷財其要總在得人以上總論

弘治時白昂治原武決河為築陽武長堤以防張秋引中牟之決入于淮浚宿州古睢河達于泗由是河入汴由睢泗達淮以入海又自魚臺歷德州至吳橋修古河堤又自東平至興濟鑿小河十二道引水入大清河及古黃河以入海水患寧

景泰時河決張秋徐有貞曰河方決而欲驟堙則潰者益潰淤者益淤請先疏上流水勢平乃治決、止乃濬淤多為之方以時節宣俾無溢涸必如是而後有成

徐有貞塞一決口下木石則如無知其下有龍穴為鎔鐵數萬觔沸而下之龍從去決口遂塞

又高郵湖堤為黿所嚙常崩壞知州取石灰數百担投于堤下灰化水沸殺黿無數岸遂不崩

弘治時河決張秋劉大夏督治之時河流湍悍決口甚闊大夏視之曰是下流未可治、上流先導之南行且築長堤以防

大名山東之患俟河梢衝熟而後決可塞也於是役夫開孫家渡新河引河水由中牟至潁州東入淮又浚祥符四府營淤河由陳留至歸德分為二派一由宿遷小河口一由亳州渦河會于淮又于黃陵岡南濬賈魯舊河四十里由曹縣出徐州又築長隄起胙城經滑縣長垣東明曹單至徐州即今太行堤長三百六十里改清河口河道由宿遷小河口入淮已又改由徐州小浮橋入淮而河患寧息此大河分四股流行 又于沿張秋兩岸東西築臺立表貫索網聯巨艦穴而空之寔以土至決口去窒沉艦壓以大埽合且復決隨決隨

築晝夜不息遂塞緣以石堤隱如長虹

明臣言河水伏秋有三候六月其始漲時也七月其大漲時也至八月而衰矣故當其盛也宜謹避其鋒急保埽壩固守諸要害然河非持久之水也每泛漲一次不過三四日旋落矣俟其水勢稍落相機有可乘當用捲埽之法急急補塞至若水勢漫散決口既難驟塞而奔流又無從洩此時只得用周亞夫以梁委吳楚之法姑少嘗之以殺其勢仍候水信以為工程可也

自臨清至皂河口皆閘河也常居敬云閘河出口無往而不會

黄則無往而不受淤非能由此則淤由彼則不淤也因請于出口處刱建三閘遞互啓閉以放舡隻縱有淤淺不過十數丈旋濬旋放無難也

隆慶四年九月河決小河口自宿遷至徐州三百里皆淤時漕政不修粮船五月始入淮八月始入閘九月猶在河一遇水決粮船漂損八百隻漕卒溺損千餘人遂議海運時摠河萬恭疏云黄河自西而東淮自南而北會于清河口東南入海夏秋海湖既盛河復騰湧河不得入海遂流入淮〻不能敵故河水倒流而泥沙一擁遂致澱淤既淤則必冲疏土而決

之矣今惟疏其下流捍其決口水將自順毋煩多謀以滋勞費未久河通如所言海運遂停

濬河爬用平底方船橫排河中為一層四維拴縶以長柄鐵爬濬之、、數尺移船再濬後數丈復為一層如前法則水中與陸地施功略同

河道都御史李如圭奏打造上中下三等船隻置造大小鐵扒鍬分發各河官收領遍有淤塞即便督率人夫撐駕船隻用心扒沒堅硬去處則用鐵鍬務使泥沙隨水而去河道通流矣

河道侍郎王以旂亦云水發之時多置混江龍鉄扒往來疏濬
潘季馴云扒撈挑濬之説僅可施之于牐河、身廣濶撈浚
何從悍激洶流器具難下徒費工料役擾河劉天和又師其
法用之頗著功效事又未可一律論也　以上治河法
永樂十年工部主事蘭芳奏緣河新築護岸椿座止用蒲繩泥
草不能堅久臣謂若用竹編成大囤若欄圈然置之水中以
椿釘中實以石腳以横木貫于椿表牽築堤上則水可以救
堤可以固而河患少息　以上治河法
宋濂謂比歲河決不治以中原之地平曠夷衍無彭蠡洞庭以

為之洩故河常橫潰為患其勢非多為之委以殺其流未可以力勝也自禹治水之後無河患者數百年以大伾以下釃為二渠至于大陸播為九河入于渤海蓋河流分而其勢自平也今河合汴泗南流而欲使一淮以疏其怒勢萬無此理莫若浚入舊黃河使其水流復于故道然後導入新濟分其半使之北流以殺其力河患庶幾有瘳乎

霍韜謂自古黃河東北入海今衛河自衛輝東北至天津入海猶黃河也今圖便宜之策由河陰原武之間擇地形便道引河水注于衛河南北分流水有所歸可免潰決之患且使黃

河環繞鞏固亦可壯京師之形勢舟楫通利南北又可增一運道萬世無窮之利也

張元禎云聞黃河以北多有河流舊身宜因其舊身開為數尺以達平原及直沽等處一可以殺直奔安平之勢一可以引資灌溉如此將不惟運河無患而北方免旱溢之災昔禹疏下流為九道而納之海理同勢同也

永樂十年宋礼奏請于德州開小河十三里通舊黃河至海豐縣大沽入海凡四百五十七里

楊一魁謂國家運道原不資于河全河初出亳壽之界以不治

治之故歲無治河之費其全河漸決入運因遂資其灌輸五十餘年久假不歸又日築堰而若之涓滴不容外洩于是濁沙日澱河身日高上過汶泗則鎮口受淤魚滕被没下壅清淮退而內瀦盱泗為魚令若空碭山一邑之地北導李吉口下濁河南由徐溪口下符離中在鹽盆河下小浮橋三河並行南北相去五十里任水游蕩以不治治之量蠲一邑千金之賦可歲省修河萬金之費亦一時省事之策也

戚憩期云黄河遷徙不常其性避高就下非多為之委以殺其流未可力勝也

吳鵬謂徐邳一帶頻年沖潰湮淤之患皆上源少分殺之故宜于徐州上流相度舊道擇其便利者疏濬支河一二以分殺水勢為水利恐謂河自出龍門後沙多水少必得他水之清者入其中助之刷沙其流方速而無滯今河方苦無水以致沙停流緩乃議者反欲開支河以洩其水寧有不淤者乎誠如此語高堰之決正可藉以分殺淮流何為必欲塞之并注清口以助河刷沙乎

世法錄曰秦晉陝中之河可以多穿別渠若入河南水漲土疏大穿則新河淺而自淤小穿則水不趨水過即為平陸矣夫

水專則急分則緩急則通緩則淤治河者但當使之合俾勢急如奔馬吾從而順其勢隄防約束以入于海淤安得停淤不得停則河深河深則水不溢亦不舍其下而趨于高河乃不決故曰黄河合流國之福也

江良材謂引河入衛一時可得兩運道愚謂黄河所在必為之設官府築隄防功費甚大若復引使入衛二十里之河涯又將為之設官府修隄防一倍費兩倍于國家何利焉且國家漕運以假道于河每事掣肘特開新河以接泇溝之運而避黄河之險若河入衛則自臨清以下漕運步步須行于河中

隄防新造其勢更險于南河一遇水漲南必倒淮會通北必下淹沟路倘更旁決衝河走泄漕運艱阻彼謂一時得兩運道恐謂併一運道失之計之決不可行者也

萬曆時河自桃源崔鎮決高家堰淮下河運道阻滯時議欲開支河以殺水勢而濬海口以通之潘季馴曰海口潮汐之所從往來也隨濬隨淤何可濬惟導河歸之海則以水治水導河即濬海之策之然河又非可以人力導也欲順其性先懼其溢惟著治隄防俾無旁決則水由地中沙隨水去治隄即導河之策也

潘季馴曰黃河最濁以斗計之沙居其六若至伏秋水居其二矣以二升之水載八升之沙非極迅溜必致停滯蓋水分則勢緩勢緩則沙停沙停則河飽河不兩行自古記之支河一開正河必奪故草橋開而西橋故道淤崔鎮決而桃清以下塞崔家口決而秦溝遂為平陸近事固可鑒也以上開支河

盛應期請改河道疏治河有四曰疏曰築曰濬曰改疏者疏上流而殺之也濬者濬故道而順之也築者築長堤而障之也改者改別地而不與爭耳夫上流不救則決口不可塞長堤不可築而河防不可成河防不成則淤不可濬而故道不可

復此今之漕河所以不容不改也
曾如春開黄家口河以挽河流無如新河雖深其下反淺又所
決河廣八十餘丈而新河僅三十丈不仕受或告之曰河流
激回勢如雷霆藉其自然之勢以沖之何患淺者之不深如
春遂令放水河流潤下皆泥沙流勢稍緩下已淤半矣一夕
水漲河遂大决
崇禎時劉榮嗣以駱馬湖阻運自宿遷至德州開河注之黄水
渾濁朝夕遷徙不可以舟河事大壞恐謂孔明漕運假道於
河已為非策况吳莫者引河入會通以濟運夫會通河係元

人所聞灌以汶河及諸泉之水勉强而後成之一綫咽喉常虞阻塞黄河渾濁可引以注之乎即或漕運淺澁不得已假以相濟終是鴆酒止渴之計為患非淺小也

潘季馴曰議者欲舍旧而圖新無論旧河之深且廣鑿之未必如旧即能如旧數年之後新者不旧乎假令新復如旧將復新之何所乎水行則沙行旧亦新也水潰則沙塞新亦舊也河無擇于新舊也借水攻沙以水治水但當防水之潰無虞沙之積也

又曰河底本深沙墊則高理所有也然以之諉于旁決之時非

所論于河水歸槽之後若旁決則水去沙停其底自高歸槽則沙隨水刷自難墊底但沙最易停亦易刷即一河之中淤頭趋處則深平緩處則淺此淺彼深故挽水歸槽之策必不可緩而欲挽水者非塞決築堤不可也自宋迄今河之墊而疏、而墊者不知其幾豈可以此而遂欲棄故河哉彼言沙底墊高者乃故道難復之根而故道難復者乃別尋他道之根此說最為膏肓之病治河者審之 以上改新河

有議引黃沁濟運者云汴梁陳橋原有黄河故道其河北由長垣縣大崗河經曹州至巨野縣界出會通河合汶水通臨清

每秋水漲有船往來若開濬深濶亦可分引河沁二水以通
運河
劉天河謂汶泉之流遇旱則微匯水諸湖已淤而狹無已吾寧
引沁注之而限以斗門澇則縱之俾南入河旱則約之俾東
入運易于節制爲萬全也
胡世寧謂旧開沁水至荆紅口分流一道六十里通衛河是河
因沁可以通衛也且黄河與衛河亦相去不遠宜差官踏勘
荆紅口及陽武上下相度地勢相應處所開挑一河北通衛
輝撥附近粮船于此習運以防會通河一時之塞亦國家之

長計也嘗時覆勘之言云沁水河身寬一里有餘衛河、身不過三四丈先年曾遣沁水沖開木欒石蓮花池隄口附近地方俱受淹沒流入獲新二縣城門俱用土填塞衛輝府城中行舟沖倒民房八千餘間壓死男婦無筭若全入衛二水合流勢必滔害又云衛小沁大其勢難容衛清沁濁未流必淤先年沁河一決而臨清東昌等處遂至淤塞非惟不減黃河之害反增運道之阻斯時悔咎、誰其任之且地勢高下懸殊必須開劉河身沿河築堤其費不貲而伏秋水漲橫流滔天害又不可不慮也以上引沁水、

有建分淮導黃之議者于碭蕭徐三州縣建立五垻南岸導入睢湖由白洋河歸黃北岸導入閘河由駱馬湖歸黃分流二三百里復由宿桃會合又于宿桃清安北岸連建八壩減水從倉頭等湖由沭連二湖入海則黃之大勢北行而不復東矣于武墩高岡周橋古溝唐埂等處添減水壩六座寬一百八十餘丈洩洪澤湖水入高寶諸湖于高寶江三州縣添減水垻八座寬一百九十餘丈洩諸湖之水入七州縣則淮之大勢東行而不復北矣黃不復東則徐州以下之流弱而河身高淮不復北則黃水倒灌以逆入于運河而清口之淮不

出河身既高淮水又分以平流之水仰而攻建瓴之水勢必不能其法宜先深河後導淮閘碭徐蕭三處所建五填便南北兩岸之水俱還大河則宿遷以上之黃河深再閘桃宿清安四處所建八填使循旧河悉由安東入海則宿遷以下之黃河深河深則河低于淮然後尽閘高堰諸填使淮水悉由清口會黃則黃河之沙可刷而海道常通矣

有謂閘桃源黃填新河自黃家嘴起至五港灌口正分洩黃水入海以抑黃強

有謂閘清口沙建武家墩經河閘泄淮水由永濟河達柽河下

射陽湖入海

有謂治水猶治病、有標本藥有緩急淮黃之病初因草灣之
開宣洩不利致黃流上壅繼因黃流之壅遇漲過阻遂致淮
流下決尋因淮流下決清口空隙河水乘而上瀆遂致有限
門沙之勢至沙勢陡防淮壅而潰為患遂滋今欲為治標之
圖則導河南下大破曲防諸瀆俱洩勢使而切甚易若清口
之塞如故則病根原在欲為治本之圖則當分黃他避淮流
無使功大而利遠從之而功成此即開分水河抑强助弱之
說也以上分導黃淮

有謂黄河水落之時截住上流力濬河身之積淤河中必見若
底兩岸必見老岸則水由地中而缺口自出河底既深則兩
岸即堤岸外即田矣潘季馴曰河底深者六七丈淺者三四
丈闊者一二里溢者百餘丈沙飽其中即以十里計之不知
用夫若干萬名爲工若干歲月所挑之沙不知安頓何處縱
使其能挑而盡也堤之不築水復旁溢則沙復停淤可勝挑
乎以水刷沙如湯沃雪刷之云難挑之云易何其愚而拗也
以上論黄河

李如圭奏河至河南兩岸無山地平土疏兼之各處山水皆趨

于河故河多決愚謂不然夫河流渾濁全賴他河之清水注之則水多而可刷沙滎澤以下一河獨流直至徐州並無他水入之故水力益微泥沙日積黃河南遷之後無十年不決者端在于此乃反咎山水之多謬矣且河之多沙而善決自是水性非關土地疏惡今河行之道本昔南清河及陰溝睢水所流行之地當年以清水性之注而澄流通利千載安瀾及灌之以濁流而沖決汎溢緩之則散漫而沙停急之則漲怒而齒呼無一日之寧也黃河南遷豈非民物之一大害哉

或問河既隄矣可保不復決乎復決可無患乎潘季馴曰縱河

決何害哉蓋河之奪也非以一決而即能奪之決而治正不河之流日緩則沙日高沙日高則決日多何始奪耳今之治者偶見一決鑿者便欲棄故覓新懦者輒委之天數議論紛起年復一年幾何而不至奪河哉今有遙堤以障其狂有減水壩以殺其怒必不至如往時多決縱使偶決水退復塞還槽循軌可以日計何患哉

又曰縷遙二堤俱為防河善法但宿遷以南有遙無縷桃直河以西地勢卑窪歲歲患水宜將堤虛閑堅固却將縷堤相度地勢闊狹放水沙隨水入地隨沙高庶消患而費可省

又曰自夏鎮閘迤南起經李家口等處挑閘裡河一道計七十餘里從滿家閘西欄河一填使汶泗上源之水尽歸新挑河不得洩入諸河以致勢分力弱又于李家口設減水垻以洩沛縣積水將仍前議新砌湖邊石堤移建東岸以當風浪則新河既可隔絶湖水砌石又可捍禦河堤于運道民生所利非淺

世法録云市猾素擅淺剝之利每當挑濬時于中作弊常有屢經挑濬而無效者宜嚴爲禁罰之重挑縻不敢作弊而重運有賴矣 以上祿說

國朝
谷應泰河決論云河之決必在河南既決之後不南漫全淮即
北沖齊魯沖全淮者潰散于潁亳徐宿而害在田廬民業沖
齊魯者橫激于曹濮單鄆而患聚在運道隄防然淮近而身
大決入淮者患小而治速漕遠而身小決入漕者患大而治難
總河靳輔疏稱堤離河近設有潰決必至奪河為患又稱徐州
以西之堤雖不若徐州以下之頂沖危險然殘缺亦多祇以
離河甚遠即有漫沖亦不至于奪河妨運据此則堤之宜遠
不宜近可知矣而必欲旁河築縷堤費數百萬金錢于一省

者何耶

靳緝河々防要覽云海口漸高則黃流漸緩漸緩則泥沙壅墊漸成平陸今舊河之高原較之決口之平下相去幾及二丈乃欲以二丈以下之水挽之使行于二丈以上之河其勢實難況前此決口在徐邳豐沛雖云沖突不過漫行旧畸究無谷淺之虞其勢易于收攝若今之決口在桃宿去海不過二百餘里下既有所宣洩上流因之益加迅利將全河之水盡出于此非一時決口之比決口可塞全河不可塞奈何以塞決口者併塞全河哉

河防要覽云黃淮二瀆敵也然黃強淮弱淮少弱黃即乘虛而內灌因屢殺黃濟淮之策建減水堤于徐州南岸滙黃河漲水由靈芝孟山等湖以入洪澤而助淮如遇淮漲而黃消則淮自足以敵黃而閘堤無可過之水如遇淮消而黃漲則閘堤所過之水分流並至即借黃助淮以禦黃而淮之消者亦漲倘更遇淮黃並漲則彼此之勢略等有中河以洩黃周橋六堤以洩淮亦不偏強為害又云過閘堤之水其流必不殘又越數百里歷諸湖而入安能淤洪澤為平陸又云黃水淤靈芝諸湖可以受沮洳為沃壤不徒去害更可獲利愚謂黃

河渾濁所過必淤往年河出齊魏將南雖鴈鵝等泊俱淤為平陸金時河南徙將數百里潴水之梁山泊淤為平陸往事可考今洪澤湖其大不如梁山泊固所藉以蓄清水助淮刷沙者也要可使渾水入之雖云河流迅急沙不遽停若越數百里盤旋諸湖而入洪澤則流必緩而沙必停矣且黃水上流可以淤靈芝諸湖為沃壤其下流勢益緩豈反不能淤洪澤一湖為沃壤若洪澤不免淤為沃壤則向來所稱積水助淮以刷沙者復何藉乎況今洪澤湖與淮河故道合併為一洪湖即淤淮〻水且自阻其咽喉出水不便而又何以敵黃

乎此殆不能無慮者也　又云當時湖底深而能納雖不築堤湖水常低于岸自黃流倒灌之後湖底墊高湖水亦因之而高非惟清口力分無以敵黃而淮反引黃以供東如此其可引黃濟淮乎以子之矛陷子之盾當無以解也

臺臣疏一則河流當冬春之交大抵歸回溜侵刷堤根其水勢行緩之處必淤成灘洲灘南則水射北灘北則水射南勢使然也及夏秋水至河勢高于平地前此侵損之處竟成頂沖捍禦倚處何所不至所賴先期相度于水勢未發時鳩集丁眾預鑿灘州壅阻之區引為支流俾水勢順從始可于受沖

之處下埽加上以圖堅完若至河水發時便無從措手足矣
又云故明時堤上俱有合抱大柳枝葉茂密故雖有工程採取
足用今皆無之故採辦艱難宜令該地方沿堤種植數年之後
必成拱把樹根既可護堤枝條亦可捲埽倘有工程緩急可
恃矣
又云故明時濱河州縣俱有柳場草廠及支麻蘆纜堆積之處
額設廠畜廠夫以司登記守視之役歲時有司查驗物件察
其勤惰枝儲備不致朽腐而需用無煩疾呼
總河張鵬翮進治河上諭事宜云冬祈攔黄壩以導黄歸海賓

澗清口堅閘壩以東淮敵黃而淮黃交會矣增築挑水壩加挑閘莊引河逼黃溜北而清口安瀾矣堵郎伯史接濟淮揚裡河改析臨中河開人字涇澗等河以利轉輸而漕運通行矣開歸仁引河以導淮水刷黃而上流之沮洳悉涸矣濬戧鎖等河以引積水入海而下流之巨浸盡消矣嵗時家馬頭築河堰堤岍以資捍禦而隄防鞏固矣空戚家堡楊擴在等河以排灣曲而黃流直瀉矣又親臨河上指授善後机宜改中河出水口門于楊家莊俾無逼溜使南運口無倒灌之虞矣建龍窩等處挑水壩使溜不掃灣以保隄防而險工無恙

矣開鮑家營引河洩黄異漲之水以剩鄣宜而清黄並漲淮
揚保障有賴矣總期清水出而刷黄益深刷黄益深而清流
益暢
張捴河欲于五河縣北開河導淮水出歸仁堤外直冲清口謂
之溜淮套以免洪澤高堰之決奏上　車駕親詣閱視時已
措辨工料惟俟　俞旨先于盱眙鑿地掘土作埂記之以灰
用衣將來河道　聖視見之以為發掘民間坟墓大致詰責
事遂寢
聖祖閱視河工抵于清口之東作一段石磯以遏黄水南侵務

使東流出海誠善策也無如奉行者作徹稍長反阻黄水東
行之路因淤向南大為清淮阻滯及復奏改短而後黄流無
阻淮水流行此中机宜雖尺寸不可漫嘗也
河防一覽云中河郎中陳瑛刱建古洪内華二閘毎遇黄水暴
發即下板以遏濁流而閘内無壅阻之若黄水稍落則啓板
以縱泉水之出而閘外有洗滌之功去伏稍失開閘之防遂
至淤塞失當屢懷　當宁覩此而通濟閘之關係可類推矣
靳總河乃謂不便而廢其制陳于計矣
明
平江伯置天妃閘于清河使淮水自内而出如繼弦之弩其

勢已不可留餘淤入閘濟運其大溜直入黃河而護閘刷沙故沛然莫禦水無淤墊後乃天妃閘而望湖而七里而草改竊本以避黃迎淮免内灌之淤不知淮勢已弱又分四通引河其勢更緩淮水方來草堤吸掣而消淌餘淤焉能敵黃既無淮水入黃而黃日墊高黃既墊高下壅上决海口淤墊且黃水驕時盛淮弱流而湖口淤運河灌矣此則河患之根而民生昏墊之原也宜于重運過尽之時撤天妃閘舊例閉塞運口務使淮水併力刷黃定爲要策若不行此反欲堵黃刷運一線運河焉能容受大淮之水勢必泛漫侵而下建清江

淮安必將受患此策之不可行者

河臣因清口淤河決高家堰下河七州縣被災奏言海口高于雲梯關五尺疏海口當引潮內灌不便欲于車邏鎮築橫堤一道抵高郵再自州城起築大堤二道須高一丈六尺歷興化白駒場瀉範公堤至海口放水需銀二百七十萬揚人每築執奏謂下河七州縣已被水淹水在土上高數尺百姓安能從水底取土築一丈六尺之堤且堤高一丈六尺比屋宇還高障水至此尚有疏漏潰決民皆魚鱉矣此議因而中止未幾海口亦不濬自通至今流行如故可知前者水高二丈

之說即是築堤文六之說俱未足深信也

康熙六十一年　上諭云朕于河務尤極留心先年高寶下河一帶地方田畝廬舍皆被水淹小民流離困苦之狀目不忍見朕六次閱視河工曾于大雨之夜往來高家堰不辭泥濘河官皆不能從役于河上情形知之甚悉爾時張鵬翮差往河上深懷疑懼朕示以方略且諭之曰但遵吾教河工自成必不累爾身家張鵬翮恪遵朕訓黃淮就治累奏安瀾將四十年今人幾不知有泛漲之害矣去秋河南武陟縣黃河沁水並漲冲決馬家營堤岸自直隸開州長垣流至山東張秋

鎮以致運河堤决漕船阻滯朕深知地勢高下繪圖指示諭令將運河堤岸累加修防不可免堵塞只武涉縣缺口當于上流築挑水壩使大溜歸入河身易于成功達官遵旨堵塞不及一月斷流告成百姓皆得安居張伯行議引沁濟運與朕意違合後張鵬翮奏地形高下引之必有遺患其理甚長遂停前議朕以至公處事初無成見惟言之是者從耳

從來治河築堤不如濬深此舊說也若淮安以南運河則有不可輕濬者蓋運河地低清口地高平時已有内灌之慮若再濬深則低者益低勢必以動河流衆高倒灌非惟無益而反

害之故運河不宜輕議濬也

從來運口無往而不會黃故無往而不受淤惟俟黃水落後清水隨而滌出淤沙刷而河道仍通此舊規也若議改易非惟役大費繁且舊河塞新河不能必其不墊也欲避現在運口之淮淤而彼處亦有會黃之運口不能保其不滋淤也黃河水勢不比尋常挽新塞舊大有利害萬一不虞後悔何及此策之不可行者

從來黃水四水六沙必借清水之刷沙方能直達海口而無滯自攔馬河開而駱馬湖之水不刷黃而常淺矣自中河開而

乎河之水不出直河刷黃而隨中河由劉老澗亭渡矣自六
壩閘而淮水不能敵黃今且清口淤而涓滴不下矣只餘濁
流一股而海水潮溢以致淤沙日漸長上此黃底墊高之由
也其法不宜議分惟議合、則勢强而沙刷河流順軌始無
旁淺之患

淮
黃合流之議堵塞上流急復故道則淮不東趨全勢直注清
口而淤沙立引淤沙刷則清口無阻而全淮盡入于黃內而
退遏深通淮獨免增堤之役外而黃流湍急水疾沙飛而海
口文關下流無疏濬之勞上流有安瀾之慶一舉而淮黃交

運道通故曰治水之要惟在使全淮盡出清口會黃以趨于海也

要覽云守險之方有三曰埽曰壩曰引河其禦水稜之埽必丁頭而毋橫蓋水堅鋒利橫下埽則小擦而靠大磕必折也然埽灣之處丁頭埽又兜溜而易沖必宜用順埽魚鱗櫛比而下之然後可以挽溜而圍堤至十分危急埽不能禦則急于上流築通水壩回其溜而注之對岸或兩三道若止一道恐河性悍烈壩一推而堤即不可救也若開引河必酌堤形而為之如正河之身迤而曲如弓之背引河也身徑而直如弓

之弦則河流必舍背而趨弦險可立平若曲折遠近不甚相
懸河雖開無益也據此即古之所開直河
欲疏下流先固上源欲遏旁支先防正道故當塞決以挽其趨
築遙堤以防其決建減水壩以殺其勢而保其堤以上總論
沁水濁只宜入河不宜入運
漳水濁宜任其北流若入衛河若阻塞運道
黃河北岸遙近滑渠關係甚重
翟壩古溝陂而不隄可以洩淮漲也
歸仁堤作減水壩則睢水不惟無助黃刷沙之功反添淮水之

淤

海口不宜多開從來近海之河須淌足以敵潮則免海水內灌不然內地空虛桑田變作鹵矣

引睢濟淮之說不可行　改海口之說不可行　作攔黃壩之說不可行　黃水不可迎之則入而奪之　宜使裡河高書黃河不宜使裡河低于黃河

以故下河水患不抵范公堤　以淺水必要築斷高家堰共導淮水入黃併力刷沙使黃河先深然後徐導運河之水仍從清口入黃則無此患矣

治河者必先求河水自然之性而後可施疏濬之功必先求古
人已試之效而後可做其平治之業
以水治水　塞决河以挽正河　水中不能取工　築隄以
杜滲决　復閘垻以防外河之冲　建滾水垻以固堤岸
相傳鉄龍爪濬川杷係宋臣所作當時以為笑談明臣亦謂徒
用之于閘河不能用之黄河今據靳輔河〻防要覧云堤岸
不築不用鉄掃箒等器設法加浚河身併濬海口則黄水無
歸是此等器今用之矣　以上雜說
廻瀾逼冲之法　當修埽築磯嘴垻逼水廻射對岸則此岸之

冲決免矣
探水之法　相擇地勢兩旁築堤由水中行能使低水頂高几
今黃水行於地上築堤以居皆探水也然必果源本高乃河
以探否則不能治河知此法則高下在我建瓴而下可以刷
沙可以卻淤以上治河法

歷代漕運考

東南玉粒輸貢京師建都不同運道亦異元明定鼎燕京我
朝因而弗改然漕道所經有因有革亦因時制宜期於盡善
而已為作歷代漕運考

元

世祖既定江南漕轉之路自浙西入江淮由黄河逆流至於中
灤登陸運至淇門復登舟由運河至燕京
至元二十年以江淮水運不通乃命尚書李奥魯赤等開濟寧
州河達于東平州之安民山凡一百五十里北自太安州為

一、開導汶水入洸東北自兗州為一閘過泗沂二水亦會于洸以出于濟寧之會源閘分流南北其西北流者至安民山以入清濟故瀆經東河縣濟南府至利津縣入于海復由海進直沽口從潞河中上水達通州　後利津河淤從東阿陸運二百餘里抵臨清州復登舟由御河達通州

至元二十六年以壽張縣尹韓仲暉言開安民至臨清州二百五十里運河是為會通河終元世運道由之與海運並行而不廢

明

太祖都金陵江淮之粟不復入燕會通河淤

成祖永樂元年復將江淮之粟餉燕運舟由江入淮由淮入河至陽武縣陸運至衛輝入河舟登舟運至燕其將江淮之粟餉達京者由海運亦餉燕都蓋亦河海並運也

永樂九年以濟寧州同知潘叔正言命尚書宋禮濬會通河築垻東平之戴村遏汶水令出南旺西分從南以達徐沛六分從北以達臨清又相地置閘以司啓閉自南旺至臨清為閘十七而達于衛御自南旺至沽頭為閘二十一而達于淮

命侍郎金純治黃河故道引水自開封入魚臺縣塌場口會

汶水徙徐吕二洪入淮　遂罷海運專事河運

永樂十二年平江伯陳瑄請鑿徐吕二洪以通漕運更于洪口

建閘

永樂十三年建淮安五壩仁義二壩在府城之東北礼智信三

壩在府城之西北令糧運船悉從東北于仁義二壩車盤入

河　置八洲壩令江南糧船應於此車盤過壩入清河

永樂十四年平江伯陳瑄開沙河旧渠置閘通舟入河是為清

江浦大桃閘罷仁義二壩車盤其閘三月糧船過畢即封閉

官民船仍于五壩車盤

宣宗宣德七年平江伯陳瑄築高郵寶應湖隄以便牽挽大

開揚州白塔河置新閘潘家莊大橋江口等四閘令江南粮

船從常州府西北孟瀆河過江入白塔河至灣頭達漕河以

省瓜洲車盤之費其瓜洲壩廢不用

英宗正統四年都督武興奏罷白塔河運道仍令于瓜洲過壩

入漕河

正統七年參將湯節因洪水迅急壞船建議于徐州洪之上流

築堰遏水悉歸月河于月河南口設閘以積水通運

正統十三年河決內曹濮沖張秋命通河於運道阻

景帝景泰三年河決沖沙灣會通河淤運道阻命御史徐有貞
治之
景泰四年河泛壞洪口閘漕船仍行洪内
景泰七年沙灣決河塞仍疏廣濟渠引河沁之水由漕濮范壽
運張秋以濟漕
憲宗成化四年鑿徐州洪以便漕
成化七年河於清江浦藏復平盈旧制未幾淤通仍閘行
成化八年侍郎王恕請浚揚州更淮安湖蕩造閘礎引塘水濟
運

孝宗弘治二年河決原武沖張秋運道阻命侍郎白昂治之又
奏開康濟越河四十里于高郵堤東通漕以避湖患
弘治五年河沖張秋阻運議通海道不果
弘治七年河後沖張秋阻運命都御史劉大夏治之運道復通
弘治十一年河決曹單入運
武宗正德四年河決由沛縣之飛雲橋入運
正德十六年管河郎中楊最請開宝應越河通漕以避湖險不
果行
世宗嘉靖元年始罷總漕都御史押運進京

嘉靖三年郎中陳毓賢請于寶應高郵湖隄置減水閘十座以
殺水勢
嘉靖七年河臣盛應期始奏開夏鎮新河未成而罷
嘉靖二十年二洪淺澁糧運艱阻議復海運總漕御史始不與
河事
嘉靖四十四年河決阻運尚書朱衡仍請開夏鎮新河凡一百
四十里
神宗萬曆元年河患寧復罷海運
萬曆三年河決高家堰冲清水潭等處湖堤漕道大壞議開加

河不果

萬曆四年總河吳桂芳改桃康濟越河并築中堤

萬曆五年吳桂芳遣官增築山陽運堤自板閘至黃浦長七十里　開通濟閘建興文閘及修新莊寺閘　築清江浦南堤以禦湖水加河崕以禦黃淮　加清江閘以便運舟之牽挽

萬曆六年河臣潘季馴築高堰堤六十里以遏淮水侵運　砌寶應八淺石堤遷通濟閘于甘羅城南使納淮水不接黃水于是漕運復通仍歲五閘啓閉運船出口過盡即築壩閉塞官民船俱由五壩車盤則沙無內灌運道常通

萬曆十二年都御史李世達始循楊龍川策挑空慮弘濟越河三十六里

萬曆十七年總河潘季馴修築邵伯湖石堤

萬曆二十七年河南從徐邳河運阻絕河臣劉東星每歲冬時於其地開一小河至春夏引水下徐州聊以濟運若是者三年又建六閘于河中郎寶山東汶濟之水聊以通漕

萬曆二十八年總河李化龍開泇河二百六十里以避黄險漕船至是始不行于二洪

萬曆四十一年開弘濟河南北越河仍建滾水壩二座以殺河

勢

熹宗天啟六年河臣李從心開陳溝駱馬湖新河漕船之行于
河者尚二百餘里

國朝

聖祖仁皇帝康熙二十六年開中河二百五里以避黃河之險
於是漕船之行于黃河者僅七里而運道始免潤流之患矣

河性考

山形有形水則有性黄河迅疾性異尋常順也則安逆之則越自昔利使順以導之爲作黄河性考

河水濁一石水六斗泥至伏秋時其沙更多相傳有八斗則是以二斗水沖八斗沙其力不勝焉能免於淤塞

河形曲十迴百折總無直注過百里者當其水流所沖即防蝕嚙蝕嚙不已即有沖決其地便須下埽加築以遏沖頭

河流有涌涌者水急之總名船至此忽覺水高知棲自上而傾下千丈挽之不能過未至此者以為水底地形有高下所以如此然歲時遷徙不常豈地形哉明萬曆時直河口忽起大涌至不能通每擇回改濬淤爲漕渠然則涌之險可知矣

河汛善從西南西北遷徙無常夏秋爲甚土人謂之河走
河性善怒黄河并合萬餘里千溪萬壑之水湍湃濤激勢迺奔
馬陡然過餞形如纖限其性必怒奔潰決裂所向界也
河水有汛立春之後東風解凍土人候水初至凡高一寸則夏
秋當至一尺謂之信水二月三月桃花始開冰泮而積川汛
猥集波瀾盛長謂之桃花水春末蕪菁花開謂之菜花水四
月隴麥結秀擢芒變色謂之麥黄水五月瓜實延蔓謂之瓜
蔓水朔野之地深山窮谷水堅雪積至夏方消沃蕩山石水
帝礬腥故亦月中旬之水謂之礬水七月菽豆方秀謂之豆

花水八月荻乱花謂之荻苗水九月以重陽節紀謂之登高水十月水落安流復其故道謂之復槽水十一月十二月断氷雜流乘寒復結謂之蹙凌水北外非時暴漲謂之客水皆一當督夫巡守而伏秋水勢尤甚非他時比防者更不可少懈

河流疾水無傍洩則面底之水一齊趨赴上下相併沙可刷矣一由坡岸溢出則上下之水便不全力在上者暴流奔注沙不能停其在下者限隨不及便覺遲滞不能着底冲刷沙停而水淤矣

河有蛟龍黿鼉及虵元文宗至順元年曹州河堤將壞有虵時

出入其中所不捺土一埽無遺

河身考 自將東起

廣則能容狹則不支深則斯流淺則斯潰與其束之使決何如寬之使通相其形勢以掘削之爲作黃河身考

閿鄉闊十里深三丈不等　靈寶闊五里深二三丈

陝州闊四里深一二丈　澠池闊一里深二三丈

新安闊五十八丈深三四丈　孟津闊十里退下闊五里深三丈

汜水闊十里深一丈五尺　河陰

鄭州闊四里深一丈八尺　中牟闊十里深一丈五尺

祥符闊八里深一丈五尺退下闊二三里深三四丈

陳留蘭陽闊一里深二丈　儀封闊二里深一丈二尺

考城闊三百五六十丈深二丈四五尺

商邱澗一二里深二三丈　虞城澗一百五六十丈深二丈

碭山澗一二里　蕭縣澗一二里

徐州澗一二里或半里　靈璧澗一二里

睢寧澗一二里或半里　宿遷澗一二里

清河澗一二里或半里　山陽澗一二里或七八里

以上里數得之淮徐道大典王公署中記室然詢之身歷者多有不符且深拼河流至祥符縣以東山疏地曠宜乎益澗而反益狹其故何也豈束於堤而不能進耶夫以闊七八里之河身流未百里而陳留蘭陽之河僅廣一里其阨塞不紓

之勢有不激而旁潰者乎況歸德以下合水愈多河身愈狹竟有不及一里者二洪又扼于其下徐淮之間河流常清有由來已

河防要覽云黃河流急則沙行流緩則沙墊而河身窄則流急寬則流緩因請築縷堤以束水仍築遥堤并加築格堤以防沖決夫謂大水要深備有漫沖過遥隄格堤而止自不至于奪河成缺其言誠爲可信至謂河身必狹而後可以不决何以滎澤以西寬至十里者偏不長决開封至清河狹至不滿一里者偏多潰决蓋寬則能容狹則不受豈流緩流急之

故武當戰國時齊趙魏三國以河為界各去河十五里為隄
河遊不決迨後民利隄土盜種為田更築小堤禦水堤日近
河河乃大決是即縷堤之說也今遙堤去河僅一二里甚有
貼近河身者況再築縷堤以逼之河身有不日狹乎以狹至
一里半里之河容蓄本寬十里之水潰而旁溢所必然也
又云上流河身寬深而下流河身不敵其半或更減而半之
勢必懷山襄陵而潰決之患生正言此與
明尚書胡世寧曰河合則勢大而河身狹不能容所以不得
不泛濫亦指此與

地形考

地有高卑水分上下逆而挽之則難為功順而導之斯易為力行所無事善治水者為作地形考

河防要覽云黃河之底與黃河之岸較之萬曆時高出數丈而倉須侍郎諸湖又皆淤為平陸無尺寸豬水之地河水一或出槽漫岸不有隄防必迸潰而四決

元臣尚文云陳留至睢州百餘里南岸高于水計六七尺或四五尺北岸故堤水北田高三四尺或高下等大約南高于北約七八尺則隄安得不壞水安得不北也

黃河自歸德出沛不徐地形高下不甚相懸雖泛溢可支後黃
河徙出蕭碭直下徐邳地高勢猛沖淌新隄不啻拉朽所沖
隄決滾為深淵下埽椿桷百計難塞明使塞之來水仍隄其
定水行地上急如建瓴

兗州府地平土疏比河南地低下故開封河決多淹兗州

南旺地最高自南旺北至臨清地降九十尺自南旺南至沽頭
地降一百十六尺元人分水在濟寧州使北遶南旺是逆也
故明人分水處在南旺

諸閘河自徐城至南陽北高南低故易淺

新河南高地低泉水雖小難洩

徐州河高于地泗州虞城亦然

徐州南地低窪滿挑河云開濬一渠縱之由符離集出小河口

亦一策也

徐州河北地最低較之河口差丈外

邳州形勢甚低備見寓一帶地勢入高

泗州河身高于運河丈餘自高趨下其勢使激以區區之漕渠

為鳳泗之歸宿必横決而莫禦矣

泗州明陵比城裏地高二丈一尺餘

桃源縣有高岡直接歸仁堤

天妃閘地勢高于通濟閘

上流清水皆高于河惟清江浦獨低于河

高堰以東尤低于高堰故高堰決而下河淹沒

清水潭尤低故為七州縣受水門户

高家堰地形最低至越州又稍高高堰決則全淮內灌越城周

家橋則大漲乃溢水消仍為陸地

自淮安至揚州南北皆平水東低西高故淮水常決高堰以灌

下河

洪澤湖水常高于河水四五尺

爲廠坡地形低于歸仁集

淮揚諸邑鹽城最高阜泰次之興高最爲窪下南至江上又復

高郵

下河地勢北高于南廟灣最高鹽興次之高泰又次之沿海皆沙岡綿亘自廟灣至丁溪俱高中間高鹽興一帶俱從水無來源旱則資運河閘洞減下之水以救田潦則運河亦借之瀉水以保隄所以下河七州縣每苦水旱之災

李維楨曰水性就下十里百里內外地形高下已難一律齊

況千里内外焉能悉其高下尺寸不謬

防守考

築堤禦水、、至每患沖堤衆水置堤、、傷何以制冰故守則防其將至堤則守于未然防固有期守亦有法爲作防守考

四防之法　一曰晝防每遇黄水大發急汹埽灣處所未免刷損若不即行修補則埽灣之堤漸至坍塌必致潰決宜督守堤人夫每日務小埽土牛聽用但有刷損者隨刷隨補毋使崩卸少暇則督令取土堆積堤上若于堤然以備不時之需是爲晝防　二曰夜防防守隄人夫每遇水發之時修補刷損冬日無暇夜則勞倦未免熟睡若不設法廵視恐寅夜無防

以致失事須置立五更牌面分發南北兩岸協守官并管工委官點更挨發各鋪傳遞知天字鋪發一更牌至二更時前牌未到日字鋪即差人挨查係何鋪擔延即時拿究餘鋪做此隄岸不斷人行庶可無悞巡守是為夜防　三曰風防水發之時多有大風猛浪堤岸難免撞損若不防之于微久則坍薄汕決矣須預備堤夫捆扎龍尾小埽擺到堤面如遇風浪大作將前埽用樁繩懸繫附堤水面縱有風浪隨起隨落足以護衛是為風防　四曰雨防守隄人夫每遇驟雨淋漓若無雨具必難存立未免各投人家或鋪舍暫避堤岸倘有刷

埽何人有視須督各舖夫後每名置斗笠蓑衣遇有大雨各
夫穿帶堤面擺立時時巡視乃無疎虞是為雨防

二守之法　一曰官守黄河盛漲管河官一人不能周巡兩岸須添委一協守職官分岸巡督每堤三里原設鋪十座每舖夫三十名計每夫守隄一十八丈宜責每夫二名共一段于堤面之上共搭一窩舖仍置燈籠一個遇夜在彼棲止以便傳遞更牌巡視畫地分委省堤等官日則督夫修補夜則稽查更牌管河官并協守職官時常催督巡視庶無頃刻懈弛而隄岸可保無事　二曰民守每舖三里雖已派夫三十名

足以修守恐各失調用無常仍須預備宜照從年舊規于附近臨堤鄉村每鋪各添派鄉夫十名水發上堤與同鋪夫併力協守水落時着放回家量時去留不妨農業不惟隄岸有賴而附堤之民亦得各保田廬矣

各鋪相離頗遠一鋪有警別鋪不聞有誤救護須令堤老每鋪竪一旗竿黃旗上面書某字鋪三字燈籠亦然晝則懸旂夜則掛燈以便瞭望仍置銅鑼一面以便轉報一鋪有警夫老併力齊赴有警處所即時救護首尾相顧通力合作庶保萬全也

守堤之法

隄防盜決最為吃緊蓋盜決有數端坡水稍積決而洩之一也地上流滿決而淤之二也仇家相傾決而灌之三也至于伏秋水漲勢處危急堤官夫老險伺便處盜而洩之諸堤皆易保守四也巡警稍怠或乘風雨之際或乘黝黯之時即被下手矣防禦者不可不知

宋李若谷為安豐令民有盜決芍陂堤者若谷下令自後堤決不得起夫調瀕河之民使之先築築遂止

宋時楊內瀕河而居歲積芻茭率河決倍取其利趙昌言知天雄軍知其事因秋漲而復誘奸民穴堤ゝ吏告急昌言命

吏徑從兩家畢取所積萬茇用以灌穴仍追內根勘之徵具
擬罪自此瀕河居民無敢為奸利穴堤者

塞決考

諺云水來土掩塞決之謂也事起倉皇治貴豈暇規模先定斷處變有餘矣爲作塞決考

河防一覽云河性合則力專而流急故沙隨水刷而河日深分則力散而流緩故水滯沙停而河日淺又云河決久則旁流深旁流深則正河奪故塞之速則費省而上易塞之遲則費鉅而工難方其始決以數十人塞之而有餘及其既久以千百人塞之而不足上下文移往返動經旬月江河一決灝汗難支始而嚙穴繼而激腸終至于滔大而莫可收拾

蘇轍云河水重濁所至輒淤〻墊既高必就下而決

世法錄云河決口之患一如上有所決而下無所洩者曰隘決

不宜開水捨築俟漲落水出直塞之耳如上決而下洩者曰

通決此不可少當必宜捨是否則決水流行恐成河道則枝

通而幹絀矣

決口有大有小有上有下塞之宜先小而後大先下而後上

塞河有缺口谿口龍口三項缺口者已成川之口也谿口者舊

常為水所谿水退則口下于隄水漲則溢出于口龍口者水

之所會自新河入故道之漾也

引河之用有三一曰分流以殺冲也河一決則全流盡趋決口奔騰激蕩捲埽無所施應于對岸上流別開一河以殺之則決口緩矣一曰預浚以迎溜也河身既淤為平陸即異日黄流歸故必漲溢而他潰故必預開一渠以迎之使水立歸渠遂其滔迅之勢則刷沙有力而後無穿出之虞一曰挽險以保堤也河性猛烈方其順流而下也則藉其猛以刷沙當其横突而來也則恐其烈以崩岸故當俟怒激射之時宜向左右之間急開一渠以挽所冲之溜頭引入中流以奪其勢而後危隄可保故曰其用有三也

開引河今欲洩流水又恐洩水散漫正河力弱而流緩流緩而
沙停因仍引上流所洩之水歸之正河以一其力是以謂之
月河
河決之始如用埽裹須以防汕刷築逼水壩開引河簽樁必須
深釘入底以防懸空悮事至于流聚埽箇全在揪頭繩索其
力尤重于樁必顆多而壯埽必重而後沉當卸七而草三填
上之後尚埽土之外忽起翻花大浪急須于堤内下埽填土
晝夜壓截其翻花浪起于數十丈之内猶易若百丈之外則
危矣其堤工若但坍陷而平下猶可填土加埽若一懸空即

危矣若内外頓款亦不可救堵决者不可不知

河防要覽云决口深闊若徒下埽填土則隨下隨淌是以有限之金錢委無窮之巨壑也不思决口不患其闊患其深然决口雖深而决口之上下土六十丈之外未必皆深其去當避深就淺于决口上下退離五六十丈為偃月形抱缺口兩端而築之計所築之隄其長必數倍于缺口然致其淺深必減七八倍不止況河底平坦則椿埽易施河面寬緩則淌冲無患乃立椿捲工就河中越築之中下埽篋内釘排椿外填坦坡而填二戗

河防一覽云凡堤初決時急將兩頭下埽包裹官夫晝夜看守稍待水勢平緩即從兩頭接築如水勢洶湧頭裹不住即于本堤退後數丈挖槽下埽如裹頭之法制至彼必住矣此謂截頭裹也如又不住即于上首築逼水大壩一道分水勢射對岸使回涵冲刷正河則塞工可施矣塞將完時水口漸窄水勢益湧又有合口之難須用頭細尾粗之埽名曰鼠頭埽俾上水口闊下水口狹庶不致深尖而塞工易就也埽以土脉為主埽臺須要卧羊坡以便推挽揪頭須要縻扯以防下游又須時時打探令其深下仍覓慣會泅水之人入水探驗

底埽着地方下簽樁簽樁須要刷中埽〻釘着方爲堅固倘有數寸懸空無有不敗事者如寒天或水急不能泅水即省揪頭寬鬆便是着地之驗緊繩留橛令人專守畧有走動便須另下一揪〻頭填記第幾埽揪繩滚肚明白以便照查収救埽南出水未高寄加一小埽不可多用土牛惟埽時易動故也此等事須要勇往直前俗語謂之搶築稍〻遲泊必有後悔以上最端的不得慎密勞費周功執疑鬼怪甚可嘆也

梁天監中用王足計浮山堰以斷淮流湍駛流急將合復潰或謂有蛟龍喜木風雨壞坼其性惡鐵乃用冶鐵數萬斤益以

薪石沉之猶踰年而後復合

夢溪筆談云宋慶曆中塞商胡決口度支副使郭申錫親往董作凡塞河決垂合中間一埽謂之合龍門功全在此是時屢塞不合時合龍門埽長六十步有水工高超獻議謂埽身太長人力不能壓埽不至水底故河流不斷繩纜多絕今當以六十步為三節每節長二十步中間以索連之先下第一節待其至底方壓第二節第三節旧工爭之以為不可超曰第一節水信未斷然勢必殺半壓第二節止用半力水縱未斷不過少漏耳第三節乃平地施工足以盡人力處置第三

鄭既乏鄭下二鄭旬為澒泥所淤不煩人工矣申揭不聽河決愈甚卒改從起議而後決河塞

至正河防記云決河勢大廣四百餘步中流深三丈餘益以秋漲水多故河十之八兩河爭流洄漩湍激難以下埽且埽行或遲恐水盡湧入決河因淤故河前功盡隳乃精思障水入故河之方九月七日逆流排大船二十七艘前後聯以大桅或長樁用大麻索竹絙絞縛綴為方舟又用大麻索竹絙將船身繳繞上下令牢不可破乃以鐵貓于上流硾之水中又以竹絙絕長七八百尺繫兩岸大橛上每絙或硾二舟或三

舟使不得下船腹畧鋪散草滿貯小石以合子板釘合之復以埽岸布合子板上或二重或三重以大蔴索縛之急復縛横木三道于桅其頭以索維之用竹編笆夾以草石立之桅前約長丈餘名曰水簾桅復以木擋拄使簾不僵仆然後選水工便捷者每船各二人執斧鑿立船首尾岸上槌鼓為號鼓鳴一時齊鑿須臾并穴水入并沉遏決河水怒溢故河水暴增即重更水簾令後復布小埽土牛白闌長梢襍以草上以物隨宜塡壓以繼之石船下詣實地出水基趾漸高復捲大埽以壓之前船每用前法沉餘船以竟後功昏曉百刻以

次分畚甚勞無少間斷船堤之後草埽三道並舉中置竹絡
盛石並埽置楗繫纜四埽及絡一如修截水堤之法第中流
水深用物之多施功之大數倍他隄船隄距岸纔三四十步
勢迫流峻深淺叵測于是先卷下大埽約高二丈者或四丈
五始出水而修至河口一二十步用功尤艰 薄龍口喧豗
猛疾勢撼埽基陷裂欹傾俄遠故所觀者股弁乃進官吏工
徒日加奬諭衆皆感激赴功十一月十一日龍口遂合
河防要覽云賈魯治河用沉舟之法人皆稱之以為塞決商
便之方無如此者獨思河底淺深坦陷不一惟草柳性柔一

經堅擁則同遭充滿故塞決必用埽令以王平之舟底而沉之埋陷不一之湍流則埽根透漏之患必有不俟終日而見者曾是賈魯而計不出此尋繹累日方知賈之沉舟蓋以代埧而遏水非以塞決而合龍也蓋彼時故河業已通流但決河勢大水流多于故河十之八又當水漲洄漩湍急埽不能下又其上遏水三堤短弱而勢不支恐埽行一除水尽湧決甚則故河復淤前功尽隳因急沉舟為埧以遏之所謂擒敵也故前則曰賈乃精思障水入故河之方後則曰船堤之後草埽三道並舉北岸埽之三道乃加築前短弱之三隄也迨

至船道四堤並就河勢南流然後塞決耳不然曾于九月七日沉舟而龍口之合何以直至十一月十一日耶

康熙二十一年河決蕭家渡其決口屢塞屢潰靳總河因于決口之下另掘數十小口以分殺其流迫水勢少衰而後築塞其功始就既就之後恐其復潰乃于上河低窪之處開決口數十處名曰減水壩而河自是不復決矣

如用大埽高五尺長六七丈者用草六百束每束重十斤價銀二釐該銀一兩二錢柳梢一百二十束每束重三十斤價銀一分該銀一兩二錢如無柳梢以草代之草繩六十套每套

四十二條每條長二丈四尺價三分該銀一兩二錢六分撳頭深肛繩四條共用棕二百五十斤每斤價銀五厘該料價銀五兩九錢五分挑工夫遠近不等難以預計中埽并土牛工價以決遞減

各堤考

古不防川亦不埋水然河性善走非堤必决河身甚高無堤必潰因時建置隨地設施河有所歸乃不為病因作各堤考

遥堤　因縷堤束水太急恐有奔潰乃築遥堤以廣容納

縷堤　近河之堤又名縷水堤

格堤　即横堤因縷堤不可恃萬一决縷而入横流遇格而止可免泛溢水退本格之水仍復歸槽

月堤　因本堤不固復作重堤如月形之灣以護堤岍故曰月堤

子隄　小堤惟恐大隄不固築小隄以保護之

治水隄

護城隄　作于城外以拒冲決者

截河隄　兩岸築來于水中合口以截河流

分水隄　即雞嘴鏵觜之類用以分水使兩處各流者

護岸隄　作于岸旁以護岸者

石船隄　即水簾塞決用之

刺水隄　築于兩岸以戧水埽槽者

戧隄　面闊一丈底闊二丈高一丈

任伯雨曰河流混濁泥沙相半流行既久迤邐淤澱則久而必
決者勢也正宜因其所向寬立隄防約攔水勢使不至大段
漫流若恐淤澱祇宜就岸增設堤防便為長策
世法録云黄河四堤治水者每重遥直而輕偪曲不知遥者利
於守隄而不利于深河偪者利于深河而不利于守隄曲者
多費而束河則便直者省費而束河則不便故太遥則水漫
流而河身必墊太直則水溢洲而河身必淤
潘季馴曰縷隄近河束水太急怒濤湍涌必至傷堤遥堤離河
遠或一里或二三里伏秋暴漲之水難保不至隄然出岸之

水必淺既遠且淺其勢必緩緩則堤自易保也或曰然則縷可棄乎馴曰縷誠不能為有無也宿遷而下原無縷隄未嘗為邊病也設今盡削縷隄伏秋黃水出岸淤留岸高積之數年水雖漲不能出岸矣第已成之業不忍言棄耳或又曰縷不去則兩隄相夾中間積潦之水或縷隄決入黃流何由宣洩馴曰水歸槽無難也縱有積潦秋盡之間特開一缺放之旋即塡補亦易易耳若無格隄厰所積水順堤直下仍歸大河尤不足慮矣

縷隄束水太急恐有奔潰固築遥隄以廣容納又慮遥堤消滴

不淺恐有衝刷也因建減水壩以便宣洩本以防非常漲水非以減平槽之水也

河防一覽云黄水常決崔鎮等處往往舟行市中民棲山頂蓋由縷堤束水太急必難免于沖潰自遥隄築成範圍寬廣縱遇泛漲至遥水力淺緩易于防守河渠可免淤墊民田可免淹沒又云縷隄正當河流之沖河狹水激必不可守宜棄縷守遥水漲任其至遥以遂瀠洄之性水落仍歸正河可免分奪之患

又云防禦之法格堤最善格即横也蓋縷隄既不可恃萬一決

綫而入横流適格而止可免泛濫水退本格之水仍復歸槽淤淄地高最爲便益

河防要覽云水激則怒順則平坦坡之作乃運土于堤外築之每堤高一丈填坦坡八丈以填出水面爲準務令迤斜以漸高俾來不拒而去不留則水怒可平惟有隨波上下而無所逞其冲突也

凡河隄必遠築大約離岸須二三里庶容蓄寬廣可免决嚙切勿逼水以致易决隄之高卑因地勢而低昂之先用水平打量毋一槩以若干丈尺爲準務宜真正老土每高五寸即夯

杵二三遍若有淤泥與老土同第須取起晒晾俟稍乾方加夯杵其取土宜遠須于十丈之外切忌傍隄挖取以致成河積刷損隄根驗堤之法用鉄錐筒探之或間一掘試堤式貴坡切忌陡峻如根亦丈頂止須二丈俾馬可上下故謂之走馬坡

新挖河築隄法　定規以上土五寸為一層將第一層夯杵築堅然後再上第二層之土一例加夯逐層寸徹底夯杵并石硪打平以期堅寔每取土一方僅可築隄六分有奇其試驗之法製三寸圓圓鉄杵一根將新旧各隄逐一試驗必其不

滲漏者乃為堅寔

築隄之法　隄則易圯如隄根六丈頂止二丈俾馬可上下堤面及根必多種茸草以益之蓋草能柔水性能蔽雨淋而坦坡人可殺風浪之怒也隄根必種柳葦茭草以覆之

就水築隄之法　其法先定堤基隨用船裝運土于水中築成圍埂其埂出水二尺中間二十丈長五十丈圍埂既成用草料防護隨將埂內之水車乾然後于堤基十五丈之外起土桃至隄基之上密加夯硪築成大隄

瀦揔河護隄法　幇護之法須于冬春間椿內貼蓆二層紮捆

草牛挨廂密護勿使些須漏縫然後寔土堅夯則是以埽廂護草牛以草牛護土浪窩何從滲來至于密植撅柳茭草以為外護須于水落即種麻免淹浸　或捲築大埽幫護老堤埽外深下密樁內用兩笆兩廂護埽

栽柳護隄法　卧柳長柳須相兼栽植卧柳須用核桃大者入地二尺餘出地二三寸許柳去堤址約二三尺密栽併枝葉搪禦風浪長柳須距堤五六尺許既可捍水且每歲有大枝可供埽料俱宜于冬春之交津液含蓄之時栽之仍須不時澆灌長柳宜用棘刺圍護以防盜拔畜齧

栽茭葦草子護堤法　凡堤臨水者須于堤下密栽蘆葦或茭草俱掘連根叢株先用引撅錐窟深數尺然後栽入計濶丈許將來衍茁愈蕃即有風不能鼓浪此護臨水堤之要法也隄根至面再撒草子乘春初稍鋤潰密種俟其暢茂雖雨淋不能刷土矣

護埽法　歐陽元河防記云隄既修用農家場圃之具曰輥軸者穴石立木如比櫛埋于埽旁每步置于輥軸以橫木貫其後又穴石以徑二寸餘麻索貫之繫橫木上密掛龍尾大埽使夏秋潦水冬春凌簰不得肆力于岸

保隄法　于河堤上雁翅之内寔以土石掩埽之外裹釘樁木每堤二十丈作雞嘴一個逼水折回以刷對岸之沙則沙去而此岸之隄保矣

工費　凡創築者每方廣一丈高一尺爲一方　計四工土近者每工三分最近者二分土遠者四分如堤根六丈頂二丈須通融作四丈打筭此計土論方之法如幫堤則先計旧堤若干今增高濶若干以前法折筭

挖河挑泥法　假如有河一段面濶十丈底濶十丈深一丈二尺身長二十丈　以上四條先將面底并在一處當得十四

丈用五因折半得七丈然後再將所深一丈二尺乘底面七丈得數又將長九丈乘之共該積一千六百八十方每方九分筭共該銀一百五十一兩二錢餘類推扣法隨例

各埽考

旱潦有俗節宣有方横截中流以損以益一綫之机同于底柱第制有不同用亦各别為作各埽考

滚水埽　即減水埽恐遇大漲嚙刷隄岸致有冲決故稍低其中一二尺以石甃之使于宣洩

順水埽　俗名雞嘴又名馬頭所以束散漫之流使之回刷對岸則此岸之堤可保

平水埽　酌水之適中為埧之高下旱則積水于中潦則瀉水于外不涸不溢故名平水

攔水垻　亦名漳水壩即攔黃壩之流也當頭一築截住橫流

然水性易怒恐致奔騰用者慎之

通水壩　此與順水垻相同但順水垻用于一岈此則用之兩

岈以通水歸于中流者

竹絡壩　此與竹絡埽相似水勢洶湧草上難施故用之以擋

水

土垻　以土築之与提相同

柴垻　亦名軟垻以草為之用以蓄水暫時之計也

斜垻　要使上流循垻歸河然直則恐其相觸故斜以順導之

車船壩　水經壩斷不能行船，至壩口則用盤車絞而出之

造滚水壩法　此專為伏秋水發盈槽勢大漫隄設此分殺水勢稍消即歸正槽故建壩必擇要害平窪去處堅寔地基先下釘椿鋸平下龍骨木仍用石楂楂鉄縫方鋪底石壘砌雁翅宜長宜坡跌水宜長迎水宜短俱用立石攔門椿數層其地釘椿須搭鷹架用懸硪釘下石縫須用糯米汁和灰縫使水不入

如石壩一座壩身連雁翅共長三十丈壩身根濶一丈五尺収頂一丈二尺高一尺五寸迎水濶五尺跌水石濶二丈四

尺四雁翅各斜長二丈五尺高九尺用粗細石計長一千三百九十餘丈并地釘樁龍骨木鉄錠鉄鋦煤炭木炭石灰糯米簽蘇及各匠工食約共該銀一千九百餘兩其運石揩石搬料夫船并官夫廩粮工食臨期酌給

潘揔河云異常暴漲之水任其節宣少殺河伯之怒則堤可保故築之而不問于決口者決口虛沙水冲則深故掣全河之水以奔河若垻面則有石水不能汕故止減盈溢之水々落則河身如故此築減水垻之說也

築順水垻法　此專為吃緊迎溜處所如本堤水刷淘湧難有

遥埽難以久恃必須將本堤首築順水埧一道長数十丈或五六丈一丈之埧可逼水遠去數丈隄根自成淤灘而下之隄俱固矣安埽之法上水鑲邊草宜出將裹頭埽藏入在內下水埽宜退藏入裹頭埽內庶水不得揭動埽也

如築長六丈闊四丈高一丈用埽兩邊廂邊每邊用埽二行裹頭二行中間填土每行用埽三層共計用中埽十八个每个長五丈高三尺用草四十束柳梢八十束草繩四十條排樁簽樁共用樁木四根人夫二十五工共用捲埽隄夫四百五十工運土隄夫二百工俱不識工食共用草七百二十束

該銀一十四兩四錢柳梢貳萬一千四百四十束該銀一十四兩四錢草繩七百二十套該銀二十二兩六錢樁木七十二根該銀七兩二錢行繩十二條每條重四十斤共用麻四百八十斤該銀二兩四錢共約該銀六十兩如無柳梢以葦代之

造平水埧法　凖諸湖水之淺者以為閘底之高下大都深四尺為度令可運舟而已勿設板勿藉夫湖議以閘口淺之湖落以閘底裁之止蓄瀦水自為補瀉故云平水又閘欲窄欲狭窄則水流無脹悶之患狭則勢緩無潰決之虞

建車船填法　先築基堅寔埋大木于下以卑土覆之時灌水其上令軟滑不傷船填東西用將軍柱各四柱上横施天盤木各二下施石窩各二中置轉軸木各二根每根為竅二貫以絞関繫曼纜于船縛于軸執絞関木環軸而推之

涵洞即水門也徐有貞治河策一置造水門漢王景治汴渠堤十里置一水門令更相洄注無復潰漏之患茲依景法為之而加損益于其間置門于水而寔其底令高常水五尺水小則可拘之以資運河水大則疏之使趋于海如是則有通流之利無堙塞之患矣

築隄以來水〻過漲而不受來則決置為閘填涵洞以減之所
以保堤也其用有三一減水二淤窪三溉田神而明之更以
擋水更以衛閘其用無方蓋閘填所過之水大抵伏秋異漲
澎湃之勢既足以撼閘之基傾跌之力又足以陷閘之底而
我以涵洞之水透入閘後使之漩瀾湧波以頂其基而承其
底則閘若有所憑以固而澎湃之勢平傾跌之力衰矣

河防榷云涵洞泄水本是無妨但須明設石閘以嚴啟閉若暗
開隄址草木叢蔽使難覺察萬曆六年奸民私囑管河主簿
將南岸遙堤暗開涵洞數座十七年伏水暴漲單家口水從

涵洞淺出勢甚汹湧一鼓而開遂成大決此可爲明鑑矣司
河者知之

建涵洞法　建涵洞以洩積水基址亦擇堅實方可下釘樁砌
石水多則建二孔少止一孔

如建涵洞口闊一丈五尺身長二丈中立石墻一堵亦長二
丈寬五尺分爲二孔每孔寬五尺兩邊四雁翅各一丈五尺
共用石二百丈并地釘樁鐵錠石灰板木并各匠工食約該
銀一百八十餘兩其夫役工食臨期酌給

閘工考

損益盈虛與時消息啟閉出入至巧寓焉然必建置之時工程堅固建置之後法令嚴明乃可計長久而收其效為作閘工考

節宣水道全在乎閘水有餘則開閘以瀉水不足則閉閘以積水操縱在人甚善法也亦有及而用之水有餘則閉閘以拒水不足則開閘以通者大抵閘內清水資其留蓄閘外濁水拒其倒灌此建閘之大旨也

明人於清水入黃處已建古洪內華二閘黃漲則閉閘以避淤黃退則啟閘以刷沙極為便利後以其閘去口遠雖閘而閘

外被淤因于臨河增置鎮口閘一座三閘相連啟一閉二則黃水永無倒灌之事閘之外即有淤沙亦淺近而易冲刷矣此運口置閘之一法也

明天妃閘初建之時敕旨刻石除重運回空及貢鮮船只放行外即閘堤攔黃凡官民商船俱令盤堤往來是以伏秋水漲遞當閘塞之時黃不內灌久久通行迨後法禁廢弛閘不下板以致濁流內灌清口淤墊積至慶歷間高堰決潰下河七州縣始有河患則閘之興廢固河事之一大關係也而當事不察乃欲卸之以任其出入亦弗思之甚矣

建石閘法

建閘御水必擇堅地開基先挖一池塘有水即車乾方下地釘樁將樁頭鋸平樁縫上用龍骨木地平板鋪底用石灰麻粘過方砌底石仍于迎水用立石一行攔門樁二行跌水用立石二行攔門樁八行如地平板鋪完功過半矣自金門起兩面壘砌完方鋪海漫雁翅　金門長二丈七尺兩邊轉角至雁翅各長五丈共用石三千一百丈閘底海漫攔水跌水共用石九百丈二項共用石四千丈并鉄錠鉄鋦天橋環地釘樁龍骨木地平板萬年坊閘板絞關閘耳絞軸托橋木石灰香油蔴麻柴炭等項及各匠工食約共該銀三

千兩有奇兵官夫粮廩工食臨期酌給　亦有用木為之者

名曰木閘

治埽考

塞決護堤莫善于埽埽之所資唯在草柳々遇水生草遇水腐水性所宜久而益固作之有法用之有方為作治埽考

河防記云草雖至柔々能狎水々漬之生泥々與草併力重如碇然維持夾輔纜索之功寔多

有岸埽水埽有龍尾攔頭馬頭等埽其為埽臺及推捲牽制埋掛之法有用土用石用鐵用草用木用杙用絙之方

龍尾埽　伐大樹連梢繫之埽旁隨水上下以破嚙堤浪者

竹絡埽．其法以竹絡盛以小石每埽不等

捲埽法

以蒲葦綿腰索徑寸許者縱鋪廣一二十步長可二三十步又以縈埽索綯徑三寸或四寸長二百尺者橫鋪之相間復以竹葦麻檾及大緈長三百尺者為管心索就繫綿腰索之端于其上以草數千束多至萬餘束匀布厚鋪于綿腰索之上橐而納之丁夫數千以足踏實推卷稍高即以水工二人立其上而呼于眾〻声力舉用小大推梯推卷成埽高下長短不等大者高二丈小者不下丈餘又用大索或五為搭索轉致河濱選健丁操管心索順埽以立踏或掛之臺中鐵猫大橛之上以漸推之下水埽後掘地為渠陷管心索

于中以散草厚覆築之以土覆其上復以土牛及襍草小埽及土多寡厚薄先後隨宜修壘爲埽臺務使牽制上下縝密堅壯互爲犄角埽不摇動日力不足繼之以夜積累既畢復施前法卷埽以壓先下之埽量水淺深制埽厚薄叠之多至四埽而止　兩埽之間貫竹絡高二三丈圍四丈五尺寔以小石土牛既滿繫以竹纜其兩旁並埽密下大椿就以竹絡上大竹腰索繫于椿上東西兩埽及其中竹絡之上以艸上等物築爲埽臺約長五十步或百步再下埽即以竹索或麻索長八百尺或五百尺者一二雜廁其餘管心索之間俟埽

入水之後其餘管心索如前埋排隨以管心長索遠置五六十步之外或鉄貓或大樁曳而繫之通管累日所下之埽再以艸土等物通修成隄又以龍大埽密掛于護隄大樁分折水勢

護根乾埽法　凡隄係埽灣須預下乾埽以護隄根此埽須土多料少簽樁必用長壯入地稍深庶不坍墊

如下長三丈埽一个用草一百六十束該銀三錢二分柳梢四十束該銀四錢艸繩十二套該銀六錢樁木三根該銀三錢量用麻作行繩用隄夫二十工不議工食每埽一个約共

該銀一兩六錢零

昨夢錄云作卷埽用長藤為絡若今之竹夫人狀其大則數百倍也實以芻藁土石大小不等每量水之高下而用之大者至二千人方能推之於水正決時亦能遏水勢之暴過水高且猛時若拋土塊于深淵耳甚為無益然舍是亦無他法也大抵止以塞州城之門及監官場務之衙宇又有紋藤為繩撚結竹篾茷木柵等謂之寸金藤有時不能勝水即寸斷如剪鄉民為之所費甚廣

挑濬考

疏瀹決排挑濬之始也新者開之故者通之畚挶煩興稷鍤並舉不有規模何以從事爲作挑濬考

至正河防記云治河之法有三釃河之流因而導之謂之疏去河之淤因而深之謂之濬抑河之暴因而扼之謂之塞疏濬之別有四曰生地曰故道曰河身曰減水河生地有直有紆因直而鑿之可就故道故道有高有卑高者平之以趨卑高卑相就則高不壅卑不瀦慮夫壅生潰瀦生湮也河身者水雖通行身有廣狹狹難受水水溢悍故狹者以計闢之廣難

為圻々善崩故廣者以計渠之減水河者水放曠則以制其狂水暴定則以殺其怒

古制瀦河祇許深河不許加堤後人但知加堤不知瀦河以致河腹日飽兩堤夹水形如土墻一遇沖突下無定土漬裂四出無足怪矣宜乘水涸之時大濬河身俾水由地中行而堤根皆係定土斯可以杜決而防潰矣

河防權云凡挑河面宜闊底宜深如鍋底樣庶中流常深且岸不坍塌如不用堤須將上運于百餘丈外以免淋入河內

世法錄云各夫勤以無船無器為解縱十百成群工程定無尺

寸役夫虛挨時日官府浪擲銀錢此無他皆緣稽查無法勤
惰不分賞罰不明故也今議算工之法一以濬總河量土之
法為準其法云凡開河每方廣一丈每夫日開深一尺為一
方挑濬河水相半者減十分之五全係水撈取者減十之七
八取土登岸而築堤者亦以半折算為按方廣一丈每日每
人開深一尺是去方一尺之水百區也泥水相半者十之五
是去方一尺之水五十區也全係水中撈取者十減七八今
水深四五尺中撈取更難只以一分二厘半算亦應撈深方
丈河底一寸二分半方尺之水一十二區半也以此為準每

人每日大則方丈起例小則方尺積算又以信樁平之又以土堆計之巧拙難施百不爽一所謂信樁者查常熟縣水利全書內載量水之法如挑新方量土易明即旧河淇水車乾現出河底先將木樁釘入土中其樁齊土處仍用橫木為限使無動搖但看木樁出土一尺便開深一尺矣出土二尺便開深二尺矣　若量水之法與量土相同其法專倚兩岸信樁為主其岸上量丈尺派工者名曰工樁岸下水深各釘木一根務令兩岸相平名曰信樁釘入土中亦用橫木為限乃用繩就樁攏平方用丈竿入水量之上至樁繩下至河底如

竿高四尺中空亦四尺矣待撈深之後再用竿測竿高五尺是去土一尺也竿高六尺是去土二天也但河底有水恐將錬入污泥將竿頭加板數寸百無差悞以此為定當罰可施矣

常熟知縣耿橘立信樁樣樁之法樣樁者用木橛刻畫尺寸與應漲尺寸同釘入河心與水面平俗稱水平樁俟開方之後以此橛為準蓋橛露一尺則工滿一尺矣故曰樣樁又另將二橛書明號段直對樣樁釘入兩岸老土深與岸平名曰信樁又派工將各立小樁書某字第幾號某千長下某百長分

管兵夫某人等應濬河若干名曰號樁又另具直丈竿一條丈量一條立樁樣樁之頂拽量信竿之上以量虛河深淺如量在竿十丈上則虛河深十尺矣必十尺以下所有尺寸乃算實土又以橫竿三條俱畫尺寸造成木輪車每察工之日必攜籍持竿拽量駕車而往先稽號樁而知其宕之長短即據信樁樣樁拽量豎竿而得其工之淺深工完之後沿河推運三竿車而驗其工之濶狹必信樁者虞樣樁之上下失其平也又虞夫老岍之僞增其高也驗老岍驗信樁驗三竿車而後僞無所容矣

分段濬河使各夫併力頭段頭段既濬以次而及則前段之河
可受次段之水前段之廠可移為次段之用
河有淺深有濶狹土方多寡工次難易有判爲不相同者是當
以水面為丈尺不當以地面為丈尺須于勘河之時有畫准
丈竿沿河照水所測淺深即使冊記有不同即立椿編號以
記之如原議欲水深一丈據現在通流水有三尺此處該去
土七尺奚應作一等水有二尺該去土八尺奚應另作一等
其濶狹亦如之然後隨令精筭者計筭土方分工定居土少
者居長土多者居短齊土方不齊丈尺而後夫役為至均河

形為至平也

夫役偷力每于近便岸上挑土一遇天雨淋漓此土隨水流入河心隨挑隨淤徒費無益必令遠挑二十餘步之外照魚鱗法層層散堆乃為妙也

土既宜令遠堆倘河身廣濶登岸太高用力甚難是當為接挑之法蓋每土一方計一千尺應一千六百挑凡人夫荷重妙在換肩交担其力少息斯可長用如從河底升岸從岸達堆酌量其難易遠近用四人接挑如董搼胥蟻運之法每日置挑五人可去土五百挑計三日積十五工可去土一方矣置

土之人其力精省法當更番以均勞逸
上完之後必緣遺通流方可決堤放水否則隨令挑濬務期畫一

挑濬溝渠如係老土先用牛犁耕鬆浮面一層泥土乃用人挑五人為伍內用一人置担四人挑担螞蟻傳挑每幾步一交卸送至堆土處挑盡耕鬆浮土再用牛耕人挑如前法幾番之後河身已深岸坡已陡挑者費力矣竟不用挑而用拷其法用人下河各持竹柄鉄口木杓一把掘下泥土隨平向河涯拷去離河岸遠者亦用接拷法兩人分路向岸拷力省而

事辨江南鄉人常用此法以開宅溝似可通用

凡開河淺處如水涵在中須兩岸築丁字垻以束之水涵在旁將淺邊順築束水長垻以逼之水由垻中其勢自急中流自深如淺處不多或排板揀下泥内逼水湧刷或排小船用杏葉杓挖濬必不得已則用椿草製活閘節水亦一策也

刷去漲灘法　一面長灘一面即被冲其勢危甚如欲去之當于長灘之内挑一小河引水灌之則彼岸之灘汕去而此岸之冲息矣

開越河不宜太遠明宏治時白昂總河開高郵湖越河去故隄

三里許中為圍田久之而圍田廢越河非矣總河桂芳審視之曰吾知老隄不守之故矣越三里而為河相距太遠民不復知有老堤日削月壞至于極敝圍田之為巨浸無惑也圍田既壞二堤安能獨存向使當時傍老堤而為越河俾官得以省其殘缺而亟理之將老隄世世無壞也安有今日也哉

土方考

散者矩之是為平方羃者高之是為立方土功之興二者兼用然遠近異勢高下異形人力不同工價亦異爲作土方考

土以方一丈高一尺為一方然有上方下方之別爲有專挑兼築之分爲至挑河又有起土淺深之不同爲築隄亦有運土主客之不同爲其土方工值更有人力強弱之不同爲以江南而論自邳州睢寧縣至碭山縣止每築堤土一方給銀一錢四分自宿遷縣起碭山縣止并揚屬各州縣每一方增銀一分此題定之例也

主土

主土者就近挑挖之土以所築之堤為準者也取土之法最忌逼堤蓋逼堤則扯平窪便有積水傷堤之患故必離堤十五丈之外取之所起之土挑至堤基之上用大石硪之或曰以七寸為一層夯至五寸或以一尺為一層夯至七寸然後再上一層土如前法夯之務要自底至頂層層夯硪打就則徹底堅固可免滲水之患每堤高一尺兩面坦坡必須築寬六尺加高一丈之堤應築寬六丈之堤底再加堤身二丈則頂寬二丈底寬八丈高一丈用勾股法料每丈計築成土方五十方每方一錢五分應給銀七兩五錢也

客土　客土者遙遠挑運之土以所起之土為卑者也如此處
必須築堤而沿堤基去處俱係積水湖蕩畚鍤難施勢必別
處取土用船裝運高寶定例以五十六籮為一方每籮重二
百餘斤每方約重一萬斤連搬運上船工銀六分運至工所
又工銀八分由船而運至堤上又工銀五分堤基之上再用
硪夫夯硪又工銀二分通計虛土一方共費銀二錢一分止
成土方七分也

尋挑　尋挑者自挑去河身之土而不係足堤者也所挑之土
必離河邊四五丈方許卸棄若就近竟卸則一經淋雨後淌

入河矣其挑河工價以所挑河之淺深為準凡挑土四尺深者每方給銀六分五六尺深者加一分七八尺深者九尺一丈深者一丈一二尺深者一丈三四尺深者遞加一分至一錢一分止蓋六尺以上之河無翻塘戽水之費不過每方六七分而止其挑深七尺者未免有水一丈以外泉水愈多故銀遞加若黄河之內流沙陷足施工最難必須設法挑挖大抵每方又遞加一分七八尺深者給銀九分至一丈三四尺深者給銀一錢二分又當審工程之難易如人夫易募雨水不多地高泉涸之處尚可省一二分也

兼築

兼築者即以挑河之土以築防河之隄也如所挑之河有必須築堤者其所挑之土必須卸于應築堤基之上照依前式徵成夯硪成隄如是則一舉而堤河成每挑土方照挑河工銀外另加攤土夯硪銀二分此挑河兼築堤作下方土價科算以河工挑成為準者也更有雖挑河而重在築堤者每上方上一方給銀一錢六七分不等比以堤上築成為準者也總之視功程之難易而斟酌也上方下方者以築成隄上之實土為上方土塘所取出之土為下方者也然一堤之中亦自有上方下方之別如築隄一丈二尺則以一尺至六

尺為下方七尺至丈二為上方蓋築隄愈高則愈難故必先為斟酌難易而差等其土價庶鋪底者不敢以易工而多取價收頂者不致以難工而寡受值則勞逸之勢雖殊而高下之酬自均也然土方工價雖題有定額亦舉大概而言若築堤高至一丈四五自不得泥一定之例况取土更有遠近之不同甚至柴薜鋪路遠取稀泥于汙淖之中其工價不啻加倍有至三錢餘一方者更難執一而論相地勢之高下遠近而增減之可也

夯硪　上重用十六夫次重用十二夫再次用八夫先運水湝

一、遠堤土用力硪之三遍為度

運載土方　浚河築堤之遲速一視運土之遲速而已初以人力有限以驢代之然終不若車運之為便也夫驢之力雖勝于人然芻牧之費喂養之勞倒斃之患合而較之殆不得當矣車之制當用獨輪小車蓋挑土之處大抵原隰高低溝坑斷續雙輪則不行且小則往來堤而不滯也一車所載可得土二百觔每日二夫運之所運可抵三夫之運較之于驢順覺省事較之于人亦為便利計一車之工本不及五錢河例每夫一日工食四分不過出十二夫一日之工食運之經年

可得三百六十夫之用也
驢馱代挑　浙揔河因夫少請除下鍬掘土及夯杵成堤應用
人夫外其往來運土惟用驢馱可省人夫之半又原限二百
日完工者改為四百日完工則人夫又省一半其驢用官帑
買其看管即用守隄河營官兵謂為一舉兩得之道後因部
議工完變價還官恐有倒斃賠償之累民夫不肯領給復改
為車運

石工考

建砌石工以內圍隄工外拒洪波誠一勞永逸之計第所用物料石可不精所興工作不可不慎為作石工考

建石之工非北土埽遇有傾倒易于鑲補石工乃內外相聯上下相關左右相接一處疎虞全工難于修葺但估計之例有盈縮不同恐為節省二字所拘即難加工于盡善惟新總河時所做石工多如法者以後惟圖節省不能全行矣若能心存永固事事不敢苟且雖難期百年之久亦或可多延時日也

石工病源十二條

一椿手下椿不得希圖省力偷挖深槽以致根工虛鬆一經完工開填浪搜椿縫擊去鬆土椿頭虛懸無力上面壓重必致歪斜破裂石塊何能存立工之堅否首重于此宜謹防之

一梅花椿雖在馬牙椿之兩其分力負重者比馬牙椿之力更多馬牙椿上之石層層收進其所負之重漸漸輕鬆梅花椿上之石層層着實毋得因在馬牙椿内可以忽視撇以細短之椿塞責以致日久外面生張口之病

一石匠于合縫處務須用心細鑿若草率苟安合縫不緊獨仗

石灰抹補以瞞目前則久後灰乳露縫湖水內浸將腹內石灰浸酥必致脹卸之病

一石匠鋪放底石務須比樁頭收退五六分底石方無後患如將石伸出樁外日後或樁頭朽爛或往裡斜其底石之邊懸露則生無頭傾倒之病

一石匠加砌裡面帶石務要將底下及兩頭用砌灰鋪與然後加砌即裡石內之零星縲補之小石亦須先用砌灰塘好然後灌汁以補不及若单仗灰汁下灌石之底面相對處斷然不能灌透裡石若不上下粘連則釘石坐處無靠日久有內

塌張口之病

一石內襯磚古人之意原以磚性燥烈能以收潮故襯之于內藉以收土遏之濕氣使在內灰縫不致日久沱烟務要安放平穩按層灌汁初次灌不未免脹滿稍停俟其折下復行補灌自然飽足毋得以磚為石所包而輕忽也更防雙層灌汁不行補灌以致內虛之病

一磚內填土須層層分杵毋得虛鬆致磚後坐水成內潰之病膚人以為石力外護可以無懼不知坐水灰酥石縫皆漬漬則內動陡土過雨淋塌猛然一擠石從外脹矣

一頂上蓋石所用之灰務須極細如粉煎熬米汁務須極粘如膠後尾底石務須平穩着寔踏砌用灰之時石邊務須潔淨灰桶務須蓋草恐砂石撒落在内則縫道不能合貼此頂面之下久則磚灰皆酥矣頂上二三層必有頓倒之病根底之病亦漸種于此高堰每受此患諳河人當別論

一鑿下碎石務須概擺于石工之外包護石脚椿頭則椿有翼助之功而石除撥根之患其功甚大若填于磚後逐日雨水下漏為害不淺脹卸之病必由于此碎石雖少填得一寸有用一寸

一格頭空處務將篩出灰脚用杵築實則底平而穩且灰脚与土日久成一家則根脚愈固矣餘剩灰脚不可輕棄留填海漫之後最佳

一熬米汁如盛暑時過夜即酸々則化為水毫不膠粘用之悮事非小各匠必然分歧力作須各匠先鑿數日如匠多以三日為期匠少以五日為期以三更熬汁黎明可用令各匠一齊至砌底無悮事其碑工亦須先舖若干量熬計若干寧使工有餘不使汁有餘工餘可補汁餘則廢若任從各匠隨鑿隨要則頭緒散乱而汁多廢棄矣

一鋪磚之法磚色有青黑之別惟青者為佳然一窯之內豈能塊塊皆青臨用務須擇青者鋪于下層近水之處黑者鋪于上層乾燥之處庶工程堅固而黑磚不廢矣青磚乃燒透熟磚也黑磚乃燒而未熟與土坯同見水即酥不用為美

右工歌訣

馬牙梅花宜壯深 謂扒長也 順厚釘長是寶珍 襯石端方順有靠 即裡石也 釘頭亦賴尾生根 汁似膠兮灰似麪 合縫週嚴摟墊平 磚傍培工須頻築 層層築實以助磚力更要磚青灌透盈 砌高一丈底八尺 牙樁五路對花陰 即

鹽花格 層間每級狀半寸或云寸半 接處當留筍八分石内

各縫以乳煉為要 勿使滴水入經絡 免致腹内暗生疾

提根碎石年年擁 可保生民萬萬春

物料考

河防全在歲修歲修全在物料勿冒銷而肥己勿掯取以傷民
時價之貴賤不仝物料之精粗迥別爲作物料考
通例於十一月間司道官估計停當各掌印官領銀收買法固
善矣又須特委廉能職官一二員專管支收工完之日將捲
築過埽埧狀支過物料數目開報總河衙門查考庶幾事有
責成而錢粮無冒破矣
冬初修守稍暇即督丁夫于漫坡中採取野草每束十斤者每
夫每日可採四十束積至百萬可省千金稗益非小草料既

修埽護必周沖決之患可免即有不測而物料在手計日可
塞何致迫擱靡費此河道一吃緊工夫也
捲埽之用惟草柳二者柳隨地可種草近則取之湖塘遠則取
之海灘湖塘蘆葦不如海灘之堅寔長大一束可抵二三束
之用但地遠採辦稍艱若抵沖塞決非此不可酌其工程之
緩急而用之可也
柳草不難于採辦而難于搬運到工須預備車船要緊
凡沿河種柳自明平江伯陳瑄始其根株足以護堤身枝條足
以備捲埽清陰足以蔭縴夫柳之功大矣然種柳不得其法

則護堤之用微且成活者少惟明劉天和六柳説曲尽其妙當倣其法行之統計每年歲脩需柳不下一百萬束自康熙二十年始各官種柳已得若干株自二十六年以來所用之柳半取諸此再行各營弁凡春初防守少暇之時每丁計地各課種柳若干不過三年沿河成林一有不測搶埽攔防不煩他運即以本汛之柳供本汛之工力省而工易集所益非小也

採辦物料一疏水土之工物料最急雖有經畫之總理又有諸隸之屬負與子來之百姓而所需不足以至萬夫束手其悮

事非淺小也然物料非　之難採辦爲難河工旧制一曰官辦所需之物行文於各出產地方有司給價買解一曰商辦聽各商人赴工領銀送料交官夫地方有司必皆假手于胥吏由胥吏而及各行户層層剥食至料户或分文不給及運料到工所尚管之官貪婪不職者更復式外苛求索賄致小民不堪其命此官辦之難也工料之大莫如椿木而商人領買大都真僞相半其真商領銀入已分派各小行其值必虧僞者寔無資本冀緣買領花費拖欠此商辦之害也在大工急于星火而文移追比催督不前常至四五年種種悞工則

一也臣蒞事以來深悉此弊再三斟酌終無至當之策若竟委之在工各官恐冒銷多若尚委之胥役又恐勢輕而無濟惟有擇員而任以懲勸鼓勵之爲稍愈耳除歲修物料不多不必差員其大工物料若葦草蔴蒜之屬當委之鄰工各邑佐貳彼既與工近習知在工所需之物必不敢欺且淹其椿木之屬當籍選廉幹之府佐貳尚行買辦所辦之木果堅大如式價值不浮又往來迅速克濟大工者題請優敘否者請黜亦如之庶人人知勵採辦不前之弊或可免矣

淮揚歲修埽料、

高一丈每丈用料一萬斤搶修加五百斤塡眼棕十束艸二十束大纜六十條　小纜一百五十五條蔴一千五十斤橛四十根椿十根

高九尺每丈用料八千一百斤搶修加四百斤塡眼棕八束艸十六束大纜六十條小纜一百三十條蔴一千四十五斤橛四十根椿十根

高八尺每丈用料六千三百八十斤搶修加三百二十斤塡眼棕六束艸十二束大纜六十條小纜一百五條蔴一千四十斤橛三十根椿十根

高七尺每丈用料四千九百斤搶修加二百五十斤填眼柴五束柴十束大纜五十條小纜八十四條蔴一千三十五斤橛二十根樁十根

高六尺每丈用料三千六百觔搶修加二百斤填眼柴四束艸八束大纜四十條小纜七十二條蔴一千三十斤橛二十根樁十根

高五尺每丈用料二千五百斤搶修加一百五十斤填眼柴三束草六束大纜三十條小纜五十三條蔴一千二十五斤橛二十根樁十根

搶修高四尺每丈用料一千七百斤大纜二十條小纜三十
六條樁十根一木兩截
高三尺每丈用料一千五十斤小纜二十四條樁十根壹木
三截
高二尺每丈用料四百二十斤小纜十六條樁十根一木三
截
高一尺每丈用料二百三十五斤
山清新漕規埽個別例
高二丈每丈用柴一百束草一百八十束柳七十束大纜四

條小纜一百二十條留橛四根尺八簽樁一根蔴繩一條
重五十斤填埽眼柴十五束艸二十四束
高九尺每丈用柴八十一束草一百六十二束柳六十束大
纜四條小纜一百四條留橛三根尺七簽樁一根蔴繩一
條重四十五斤填埽眼柴十三束艸二十束
高八尺每丈用柴七十二束草一百四十四束柳五十束大
纜三條小纜九十六條留橛三根尺六簽樁一根蔴繩一
條重四十斤填眼柴十二束艸十八束
高七尺每丈用柴六十一束草一百二十六束柳四十束大

纜二條小纜八十四條留椗二根尺五簽椿一根棕繩一條重三十五斤填眼柴十束草十六束

高六尺每丈用柴五十束草一百八束柳三十束大纜一條小纜六十八條留椗二根尺四椿一根棕繩一條重三十斤填眼柴十束草十四束

高五尺每丈用柴四十五束草九十束柳二十束大纜一條小纜四十條留椗二根尺三椿一根棕繩一條重二十五斤填眼柴八束艸十二束

丁頭艸綠浪窩

深一尺寬一丈用料三百觔其外每寬一尺加三十斤

深一尺五寸寬一丈用料四百五十斤其外每寬一尺加四十五斤

深二尺寬一丈用料六百斤其外每寬一尺加六十斤

以此類推總計寬深各一尺用料三十斤積筭類加

桃宿木價

圍圓無一尺者每根九分一尺一錢一分尺一一錢四分尺二一錢八分尺三二錢三分尺四三錢一分五厘尺五四錢五厘尺六四錢五分五厘尺七五錢三分尺八六錢七分尺

九八錢三分二尺九錢八分

邳睢木價

惟尺三木二錢七分餘仝

徐屬木價

尺三木二錢七分尺五木四錢二分五厘尺六木四錢七分

餘同

高寶木價

尺木九分二厘尺一一錢九厘尺二一錢二分六厘尺三一

錢四分三厘尺四一錢六分尺五一錢六分七厘尺六二錢

五分半尺七三錢三分二厘尺八三錢九分尺九四錢六分
八厘二尺五錢四分四厘二尺一六錢二分二厘二尺二七
錢二分四厘二尺三七錢八分四厘二尺四八錢六分八厘
二尺五九錢五分四厘

江都未償

尺木九分尺一一錢七厘尺二一錢二分四厘尺三一錢四
分一厘尺四一錢五分八厘尺五一錢七分半尺六二錢五
分三厘尺七三錢三分尺八三錢一分九厘尺九四錢六分
六厘二尺五錢四分二厘二尺一六錢三分一厘二尺二七

錢一分一厘二尺三七錢八分四厘二尺四八錢六分八厘

二尺五九錢五分四厘

山清木價

尺木一錢一分尺一〻錢四分尺二一錢八分尺三二錢三

分尺四二錢七分尺五三錢四分尺六四錢三分尺七五錢

三分尺二六錢七分尺九八錢三分二尺九錢八分二尺一

一兩二錢一分二尺二一兩四錢七分二尺三一兩七錢三

分二尺四二兩零二分二尺五二兩三錢二分二尺六二兩

七錢二尺七三兩一錢二分二尺八三兩五錢七分二尺九

四兩零五分三尺四兩五錢六分三尺一五兩一錢三尺二
五兩六錢七分三尺三六兩二錢七分三尺四六兩九錢三
尺五七兩錢六分三尺六八兩二錢五分三尺七八兩九錢
七分三尺八九兩七錢二分三尺九十兩零五錢四尺十一
兩一錢一分四尺一十二兩一錢五分四尺二十三兩零二
分四尺三十三兩九錢二分四尺四十四兩八錢五分四尺
五十五兩八錢一分四尺六十六兩八錢四尺七十七兩八
錢二分四尺八十八兩八錢七分四尺九十九兩九錢五分
五尺二十一兩零六分

徐屬各色料價

紫草每束六斤三厘蒿每束二十斤　蔴每斤一分六厘

草紙每套九斤一分

揚河廳各色料價

紅草每束二十五斤一分五厘稻草每束二十五斤一分二

厘半江紫每百斤八分黄蔴每斤一分二厘白蔴每斤一分

八厘石灰每石貳錢纜草每斤一厘稻草紙每條五斤二厘

半每砌旧石一丈工銀三分每砌磚百塊工銀三分每灰一

石用糯米五升每磚一塊用石灰二升釘每斤三分煤炭每

石三錢磚一塊一分三厘灰篩一面二分灰蘿一隻五分木
石匠每名每日食米一升半

山盱山清山安三廳料價

埽柴每束三十斤二分二厘紅草每束十斤六厘縄草每束
三十斤二分七厘森蔴每斤一分四厘四毫劉淳蕩椿運各
工紅草每束十斤三厘搗樟葉每百斤五錢三分九厘二毫
六熱石灰每石一錢四分四厘谷草每斤三厘釘每斤三分
蘆麻每斤一分灰篩每面四分木櫛每把六分掃帚每把八
厘

竹價

圓圍九寸五分八厘一尺七分一厘尺一八分半尺二九分二厘尺三一錢零五厘尺四一錢二分六厘

運石工價

吕墺王家山採下石塊俟船運至宿遷交卸每丈給一錢四分大古城交卸每丈一錢六分王家營交卸每丈二錢四分大谷山採下石塊俟船運至宿遷交卸每丈一錢七分大古城交卸每丈一錢九分王家營交卸每丈二錢七分

石匠鑿砌石塊不論雙單料半每丈給銀八分竹檟每條二

分石匠鑿促眼每個五厘鑿踢眼每個三厘鑿光石連砌每
面石一丈給銀一錢五分每石一丈不論淡单料半单用石
灰一石小竹每根三分灰節每面二分灰籮每隻五分

山盱各廳減増料價 康熙二十年奏銷数

大河磚每塊一分六厘单料面石每丈九錢五分料半青面
石每丈一兩四錢二分半石灰每石一錢四分四厘每磚一
塊用灰升半油灰每斤一分釘每斤三分桐油每斤五分半
生鉄錠每斤一分四厘真火灰每石二錢八分八厘熟鉄踢
每斤五分竹篾每斤一分二厘黄蔴每斤二分醬每斤一分

二厘破肘每付八分煤炭每石二錢五分楊桃藤每斤六厘
做三和土每方用火灰三十石黃土一百筐楊桃藤六十斤

桃宿大工料價

做變料青面石每丈一兩八錢大磚每塊一分三厘石灰每
石一錢六分熬汁柴每石給二分生鉄鋖每斤一分四厘鉄
鎚每斤五分釘每斤三分指石鉄繩每條十五斤七錢五分
欖木抗插每根七分鉄撒每把一錢木擨每把六分掃帚每
把一分五厘煤炭每石三錢牽鎖皮條每根一分雲破每架
三錢五分鉄鍋每觔一分半黃蔴每斤二分黑煤每斤四分

卷紅每斤五分水膠每斤八分椿手每工五分竹笆每片用
匠一工蘆笆每四片用匠一工簽橋八根用匠一工

世法錄磚石魚砌法

每石堤一丈估價九兩其法下埋石四層以固其根中布磚
十二層以堅其身上覆石二層以膠其面裡湊石二層以寔
其腹

歷代黃河指掌圖叙

嘗考漢時每繪黃河圖以賜河臣俾為治河之準則河之有圖其來久矣夫凡水皆有常如江淮漢渭自洪荒迄今流行不變其變而無常者惟黃河黃河無常故凡水之入于河與河之所至所過者亦與之為無常此濟漯菏汴渦渙汳濉濉沮澤洚諸水所以全非故蹟也夫黃河自北徙南相去二千餘里歷時四千餘歲已不啻數十百易治河之法亦月異而歲不同況

國家定鼎燕京百萬漕儲由南而北必假道于河是治河即所以治漕政治所關尤非淺小爰考舊聞輯其歷代變遷之蹟著圖

二十有九好古之君子可一覽而悉焉

雍正己巳清和上浣婢廬朱鋐書於凝翠樓

歷代黃河指掌圖說

虞山蟬廬朱　鋐輯

第一圖

自古言黃河者多矣唐宋以前桑欽水經註以西域之西北河為河源至中間不通處疑為水有伏流杜氏馬氏據唐使劉元鼎之說亦僅得其大槩至蔡九峯注禹貢采摭雖為極博然猶未悉其詳惟元都寔使西番步步循河而行條分縷析咸有稽據而黃河之全備具矣雖治河急務固不在此然不睹天地之大全何由審一時之利害此治要者所以必溯其源也

第二圖

堯時洪水橫流惟河為甚禹治水之功惟河獨多禹貢兖州之文曰九河既道而導河之文亦曰播為九河同為逆河入于海則禹治河之功又惟九河最多也但九河在禹貢有其說而無其名在爾雅有其名而無其地舊傳在今寧津吳橋南皮諸處迤東入海但夏河最為北出當在今直沽地方若寧津等處則落南太甚恐是南徙後入海處非禹時入海處也至于厮為二渠亦因懷襄之勢一河必不能容故復于澶魏之間分為漯水以洩之正因其勢而利導之耳

第三圖

商世五遷皆因河患然其所遷不離河之左右故受河患独多湯始居亳今亳州歸德間後居西亳今偃師縣太甲嘗居鄴見帝王世紀仲丁遷囂今滎陽縣河亶甲居相今内黄縣祖乙遷邢今邢臺縣又遷耿今河津縣盤庚遷殷蔡注即西亳紂都朝歌今汲縣　夏時九河窃疑此時已塞盖殷入河患皆在九河上流必無下流不淤上流獨决之理亦無上流既决下流不淤之理説者乃云齊桓公遏八流以自廣而九河乃塞殆附會之談耳

第四圖

漢王横云周定王五年河決砱礫此黄河南徙之始也行于今胙城濬縣大名清河冀景寧津鹽山諸州縣之境至戰國時齊趙魏三國濱河為界趙魏瀕山齊地卑下慮河為患乃作隄防去河二十五里于是趙魏亦去河二十五里為隄河身寬廣水有所游盪故終戰國世河無大決迨後法禁廢弛河身日隘至魏襄十年河逕決於酸棗秦始皇十二年攻魏決河灌其都決處遂不可復補漢文帝十二年河復決酸棗潰金隄發卒塞之金隄雖潰故道無改　金隄即戰國時所築

第五圖

漢武帝元光二年河徙東郡注渤海自酸棗塞決後河水安流至是已三十四年矣三年河徙頓丘東南流夏復決瓠子注鉅野通于淮泗泛濫二十四年梁楚之間蕭然憂矣此河通淮泗之始也　瓠子河在大名府開州即濮渠水是禹貢之灉水也

第六圖

自漢武帝元封二年塞瓠子決後未久河復北決于館陶分為屯氏河東北流經魏郡清河信都渤海入海與大河並行大河在東屯氏河在西屯氏河又自信成縣分支為張中河東北流

至脩縣入漳大河又自靈縣分支爲鳴犢河東北流至脩縣入屯氏河四河並行凡七十二年

第七圖

漢元帝永光五年河決清河靈鳴犢口屯氏河絕鳴犢河亦不利張甲河自入漳水于是河祇行館陶東出高唐平原濟北棣濱一道三十年内河水數決東郡爲甚成帝鴻嘉四年信都清河渤海河溢灌縣邑三十一孫禁請于平原界開篤馬河以分水勢不果行然漢書地理志平原縣有篤馬河東行五百六十里入海

第八圖

新莽時河決魏郡泛清河以東久不塞河汴混流蓋汴水即濟水時天旱清濟斷流其絕河東出者竟是濁流故不名濟而名汴又名蒗蕩渠又名陰溝水至漢明帝水平十一年使王景修治汴渠自滎陽至千乘海口每十里立一水門令更相洄注自此河行漯水故道汴行北濟故道不相混淆其别出者通于淮泗順帝時甃之以石亦曰金堤灵帝時又增修汴口石門以遏河流謂之石門渠又謂之南清河其濁流東北出者行于今濬滑清豐朝城莘縣東昌高唐平原武定濱州之界最為長久

第九圖

隋煬帝大業元年導河水自滎陽入汴南通淮泗自此遂為唐宋江淮漕道其流皆濁水矣四年又穿永濟渠引河水入御河北通涿郡是時雖南北分引而正河加故至唐玄宗開元十年始一決于博州而河道仍無遷改蓋流行者七百餘年也　商河即古漯河隋時加水作滴水經曰漯水東北過陽墟縣東商河出焉知商河即漯水分流也　盤河即鉤盤河寰宇記云在樂陵縣南　永濟渠即屯氏河故瀆又為王莽河隋時引河注之徑館陶至涿郡其後復於元時開之為元明至今運道

第十圖

梁均王貞明四年決河限晉兵不復塞河遂常決爲曹濮患晉高祖天福三年河決鄆州四年河決博州六年河決滑州漂溺兗濮出帝開運元年又決滑州灌汴曹單鄆之境環梁山合于汶三年河決楊劉漢高祖乾祐元年河決滑州之漁池埽三年河決原武周太祖廣順四年河決鄭滑自楊劉至博州分爲二派滙爲大澤瀰漫數百里又東北出濮齊棣淄諸州至于海涯自晋至周二十一年河決者九　五代前河在頓邱北東至博州五代時河屢決南徙則在頓邱德勝城南矣

第十一圖

周世宗顯德初河決楊劉宰相李穀治之築堤自陽穀抵張秋口水患少息然決河遂不由故道離而為赤河行于汴濟澶濮鄆齊棣濱諸州之境東入于海凡五十四年至宋真宗景德元年河決澶州別出為橫隴河行于古齊棣濱三州境下流由大清河入海與赤河分道流行凡二十四年至仁宗天聖六年河決澶州王楚埽河臣請疏濮陽界之康郎河以分殺水勢于是既有赤河又有橫隴河康郎河王楚埽四河並行凡十九年至慶歷八年河決商胡埽而諸河皆淤水道又改矣

第十二圖

宋仁宗慶歷三四年橫隴河海口先淤游金赤三河相次又淤下流既梗遂于八年決澶州商胡口其水北出自滑澶館陶合永濟渠過恩冀棗強河間至乾寧軍入海所謂北流之河也一河獨流凡八年

第十三圖

宋仁宗皇祐二年河決館陶之郭固四年河臣請開六塔河以分水勢實欲借以回河於橫隴故道也至嘉祐元年遂塞商胡北流之河挽河東流以入于六塔河河身小不能容一夕而決

河仍北流五年河臣議浚二股河自魏之第六埽別出古篤馬河故道下流入故金赤河至德滄東境入海欲以挽河東流英宗治平元年開二股河并浚五股河神宗熙寧二年河成斷商胡北流挽河東入二股五股河尋決泛濫大名恩德滄永靜諸境自嘉祐元年挽河不成其後屢塞屢決河仍北流凡二十一年

第十四圖

宗神宗熙寧十年河溢衛懷澶滑諸州北流斷絶河遂南徙東滙于梁山張澤濼分為二派一合南清河入淮一合北清河入海灌郡邑四十五濮齊鄆徐尤甚如是者一年　按河自漢武

帝時入淮泗後至宋真宗咸平三年復浮鉅野入淮泗天禧三年又從滑州決注梁山濼入淮泗與此河勢相似然前兩次秪往南無往北者此則南北分流勢又不同矣梁山張澤濼即古鉅野澤地窪下積水滙之宗時最大黄水頻注遂淤至金而涸北清河即汶濟故道一名大清河南清河即泗水故道

第十五圖

宋神宗元豐元年決口塞河復北流四年河決小吳埽注御河由滄州永静軍入界河行流五年河決大吳埽七年河決元城埽八年河決大名小張口河故道無改元十六年哲宗紹聖元

年間斷北流挽河復東行凡五年元符二年河決内黄東流斷河仍北流自後六十七年雖屢決屢塞總不出深冀武强河間樂壽諸州境至金世宗大定六年而河決李固渡 黄河之患莫甚于宋竭財盡力迄無成功蓋緣諸臣好事喜功欲以人力制之不能順其就下之性也

第十六圖

金章宗明昌四年河決陽武後遂東南流由考城曹縣南歷徐邳入淮自此之後河竟以淮爲歸而曹單徐邳之患紛然矣元初運道除海運外内地則由江淮入黄河溯流至中灤交卸陵

運一百八十里至淇門入御河達于京後從徐州西境入泗州至濟寧由汶水達東平州安民山下入清濟故瀆經東阿至利津入海後由海進直沽口從潞河達通州後利津河淤閉安民山至臨清一百五十里達御河經天津入潞河謂之會通河又作堽城堨以遏汶水入大清河之流引使入洸並流至濟寧濟運

第十七圖

河自金時南徙以及于元自汴至邳所行即南清河故道唐宋之汴渠也至武宗元貞元年忽決杞縣蒲口北泛河北山東諸郡縣屢塞屢決至順帝至正四年河決曹州又決汴渠又決白

茅堤曹濮濟兖皆被水患河遂行于其間謂之北河即北濟故道漢王景所治之汴渠也兩河分行凡十五年至正十一年賈魯塞北河而疏南河自黄陵岡南達白茆放于黄固哈只等口又自黄陵西至楊清村合于故道凡二百八十里謂之賈魯河越十五年而河仍北徙　河入淮處向在泗口蓋泗水由邳州下泗口入淮至唐齊澣以漕運經淮有沉損乃浚汴河下流自虹縣至楚州淮陰縣合淮是濁河絕泗東出之始也五代時黄河南徙亦祇從泗州入淮元至正二十五年河決小河口乃由清口入淮由明迄今皆由此道

第十八圖

明太祖洪武元年河決曹州從雙河口入魚臺徐達遂引決水由塌場入泗以濟運蓋明初之河即元北河及賈魯所開二道此北河南岸之決水也北河于是由汴城北東達濟寧以入泗與賈魯旧河並行凡二十三年

第十九圖

明太祖洪武二十四年河決原武黑陽山東南流徑開封陳州至項城復由穎州至正陽鎮全入於淮即宋関河故道此從來所未有也先是河在開封府城北四十里水東流至是南遷去

城僅五里南入于淮于是汴北四十里之河及賈魯河皆淤又以建都江左江淮之粟不入燕京會通河亦淤河行新道不由二洪凡十八年

第二十圖

明成祖永樂九年復濬會通河引金龍口河水下達塌場經二洪南入淮濟運是時仍二河北行凡三十八年 浚會通河至汶上縣袁家口左徙二十里至壽張之沙灣接旧河 改築堽城垻於汶水南遏汶入洸務使西流至南旺分水又于東平州東六十里築戴村垻遏汶餘流之北出者盡歸南旺以濟運

第二十一圖

明英宗正統十三年河決滎陽東過開封府城西南經陳留自亳州入渦河經蒙城至懷遠入淮汴北五里之新河淤汴城在河北尋決曹濮沖張秋奪汶濟故道會通河又淤懷遠河亦斷流泛溢齊鄆景帝景泰三年河決沙灣阻塞運道四年遣徐有貞治之　自永樂八年兩河並行凡三十八年至是又改

第二十二圖

明景帝景泰七年徐有貞塞沙灣決口復疏廣濟渠引河沁之水由澶濮范壽張逕張秋北出清漕又分流至蘭陽東至徐州

以入於渚使黄水七分入北三分由二洪入淮河道安瀾凡三
十三年　有貞以沙灣地土皆沙易致坍決作堤作閘皆非善
計依漢王景制水門之法而寔其底令高常水五尺旱則拘之
以濟運澇則疏之以趍海　廣濟渠起張秋西南行九里至濮
陽濼九里至濤陵陂六里至壽張之沙河八里至東西影塘十
五里至白嶺灣三里至李堆二十里至竹口蓮花池三十里至
大豬潭乃踰范暨濮又上而西凡數百里經澶淵以接河沁河
沁之水過則害微則利故遏其過而導其微用平水勢既成名
曰廣濟渠　河沁水濁最能阻運潘季馴極言其不可用

第二十三圖

明孝宗宏治二年河決開封入淮復決黃陵岡入泗三年復決原武分為三派一自封邱縣金龍口漫祥符長垣下曹濮衝張秋長堤一自中年下尉氏一從蘭陽儀封考城歸德以至宿州四年白昂塞金龍決口築陽武長堤以防張秋引中年決水由陳頴至壽州入淮浚宿州古睢河由歸德睢寧至宿遷達泗由是河入汴汴入睢睢入泗泗入淮以達于海又自魚臺歷德州至吳橋修古河堤又自東平至興濟鑿小河十二道引水入大清河及黃古河以入海五年河決楊家口金龍口潰黃陵岡下

張秋入漕河七年河決張秋由東阿舊鹽河入海劉大夏開孫家渡新河引河水由中年至潁州東入淮又浚祥符四府營淤河由陳留至歸德分為二派一由宿遷小河口一由亳州渦河並入淮又於黃陵岡南濬賈魯旧河四十里由曹縣出徐州又築長堤起武陟經滑縣長垣東明曹單至徐州即今太行隄自此河分四股凡二十三年　按胡世寧所奏河自經汴以來南分二道入淮東南一道出宿遷其東分新旧五道並入漕而滙於淮則又不止四股也

第二十四圖

明武宗正德七年入淮之河斷黄水尽入二洪合為一河水大河狭每致潰決世宗嘉靖七年盛應期奏開趙皮塞白河一帶以殺河勢十三年河決趙皮寨向亳泗又由梁靖口奔坌河口東出穀亭之流絶運河淤二洪涸秋冬忽自夏邑攻開数口轉向東北流經蕭縣之南仍出徐州小浮橋下濟二洪趙皮寨之流塞河势南趋十九年河決睢州野雞岡由渦河入淮孫繼口出徐之流淤二洪大涸王以旂開李景高口支河引水出徐州濟二洪漕運河益南趋二十一年李景高口支河淤河再行新渠老黄河故道三十七年老黄河淤河北徙行于濁河 老黄

河即出小浮橋之河其河自新集流經潘家口丁家道口馬牧集韓家道口司家道口牛黄堌趙家圈至蕭縣薊門東出徐州小浮橋岍澗底深水勢安流當時謂之銅幫鐵底河行其道凡二十五年　黄河過淮安府城夲由西橋旧河嘉靖三十二年忽自西橋冲一道北出謂之草灣河以後時通時塞萬歷十七年其河大通奪正河十分之七至赤晏廟仍歸大河東流出海

第二十五圖

明世宗嘉靖三十七年老黄河淤後分為十一股俱入徐州二洪凡六年四十四年十二派之河淤遂決豐縣之華山水出飛

雲橋分十三股入運河朱衡開夏鎮新河自留城至南陽一百四十里水始南趋穆宗隆慶二年南北支河尽淤併行于涑河一道五年河決遷溝又分十一股枝流散漫幹河淤塞潘季馴治之而通

第二十六圖

明穆宗隆慶四年淮水決壞高家堰〻在淮安府西六十里淮河南岸漢廣陵大守陳登築之以防淮水南決者也今黄漕交會于此并淮為三路大河最為險要自此河隙一開後常乘之為下河七州縣患神宗萬歷五年築清江浦以禦淮黄六年築

歸仁提二十二年河水挾淮水倒灌高郵城二十三年河水挾淮水由邵伯埭下芒稻河入江是黃河入江之始也

第二十七圖

明神宗萬歷三十二年李化龍開泇河自毛兒窩至夏鎮二百六十餘里以避二洪之險建閘八座蓄水濟運熹宗天啟六年李從心復開陳溝駱馬湖以行運避黃河險溜又七十餘里

第二十八圖

國朝聖祖仁皇帝康熙六七年間河決安東十年河決桃源二十一年河決宿遷之蕭家渡決水東北出由沭陽海州等處橫流

入海其河之廣加倍正河宿遷而下運道艱阻金未曾由此入海四百年來復有此決

第二十九圖

國朝漕運初由明時故道行于黃河者尚二百餘里康熙二十年於駱馬湖口開皁河四十餘里接泇口二十六年又于清河縣西黃河北岸開中河三百里繞過宿遷治北直接皁河口重運一出清口即絕河北出借徑黃河者僅七里徑入清河縣西進仲家閘由中河歷皁河進八閘以達濟寧所行皆汶泗沂洸之水不藉黃河以資運河遂不能阻我運道矣